Dullav Bhosagar

Descodificar a sinalização celular: Vias, Mecanismos e Perspectivas Clínicas

Dullav Bhosagar

Descodificar a sinalização celular: Vias, Mecanismos e Perspectivas Clínicas

Plantas da comunicação celular

ScienciaScripts

Imprint
Any brand names and product names mentioned in this book are subject to trademark, brand or patent protection and are trademarks or registered trademarks of their respective holders. The use of brand names, product names, common names, trade names, product descriptions etc. even without a particular marking in this work is in no way to be construed to mean that such names may be regarded as unrestricted in respect of trademark and brand protection legislation and could thus be used by anyone.

Cover image: www.ingimage.com

This book is a translation from the original published under ISBN 978-620-8-17181-0.

Publisher:
Sciencia Scripts
is a trademark of
Dodo Books Indian Ocean Ltd. and OmniScriptum S.R.L publishing group

120 High Road, East Finchley, London, N2 9ED, United Kingdom
Str. Armeneasca 28/1, office 1, Chisinau MD-2012, Republic of Moldova, Europe
Printed at: see last page
ISBN: 978-620-8-33838-1

Descodificar a sinalização celular: Vias, Mecanismos e Perspectivas Clínicas

Plantas da comunicação celular

Por Dr. Dullav Bhosagar

Conteúdo:

Prefácio

A sinalização celular é a intrincada rede de comunicação que governa as funções celulares, assegurando que os organismos respondem eficazmente ao seu ambiente. Desde a coordenação de actividades celulares simples até à regulação de sistemas complexos como o sistema imunitário e o sistema nervoso, a sinalização celular está no centro dos processos da vida. A compreensão destas vias é crucial não só para a compreensão da biologia básica, mas também para o avanço da ciência médica, uma vez que as perturbações nestes sinais podem conduzir a doenças como o cancro, a neurodegeneração e as doenças imunitárias.

Este livro, ***Decoding Cell Signaling: Pathways, Mechanisms, and Clinical Insights***, foi concebido para fornecer uma visão abrangente dos princípios fundamentais e dos mecanismos intrincados que sustentam a sinalização celular. Os capítulos foram estruturados de forma a orientar os leitores desde os princípios básicos da sinalização celular até tópicos mais avançados, incluindo a forma como estas vias funcionam em vários sistemas de órgãos humanos e as suas implicações na saúde e na doença.

A Parte I: Fundamentos da Sinalização Celular estabelece as bases introduzindo conceitos fundamentais como moléculas sinalizadoras, receptores e diferentes tipos de vias de sinalização. Os capítulos sobre receptores acoplados à proteína G, receptores tirosina-quinases, canais iónicos e sinalização por hormonas esteróides exploram a diversidade dos mecanismos de sinalização.

A Parte II: Vias de Sinalização Intracelular aprofunda as principais vias, como a MAPK/ERK, PI3K/Akt/mTOR, JAK-STAT e Wnt/β-catenina, cada uma das quais desempenha papéis críticos em processos celulares como o crescimento, a diferenciação e a apoptose. A compreensão destas vias ilumina os mecanismos moleculares do cancro, a regulação imunitária e a biologia do desenvolvimento.

A Parte III: Sinalização em Sistemas de Órgãos Humanos liga as vias de sinalização às funções fisiológicas que regulam em sistemas específicos. Desde a sinalização neural no cérebro até às respostas imunitárias e à regulação cardiovascular, estes capítulos destacam a forma como as redes de sinalização mantêm a homeostasia no organismo.

A Parte IV: Análise Instrumental na Sinalização Celular apresenta técnicas de ponta utilizadas para estudar a sinalização celular em pormenor. Os avanços na imagiologia, espetrometria de massa, análise de uma única célula e biossensores revolucionaram a nossa capacidade de monitorizar e descodificar a comunicação celular em tempo real, fornecendo conhecimentos sem precedentes sobre a natureza dinâmica da sinalização celular.

Finalmente, **a Parte V: Conclusão e Direcções Futuras** explora as implicações clínicas da sinalização celular, particularmente no desenvolvimento de terapias orientadas. O livro conclui examinando o futuro da investigação sobre a sinalização celular, enfatizando o potencial para novas descobertas que transformarão ainda mais a ciência médica.

Este livro destina-se a estudantes, investigadores e profissionais interessados na biologia da sinalização celular e nas suas aplicações na saúde e na doença. Ao fornecer conhecimentos fundamentais e uma visão da investigação de ponta, *Decodificação da Sinalização Celular* pretende ser um recurso valioso para a compreensão de um dos sistemas mais complexos e vitais da biologia.

Dr. Dullav Bhosagar

Agradecimentos

Gostaria de expressar a minha profunda e sincera gratidão aos notáveis investigadores cujo trabalho pioneiro constitui a base deste livro. A vossa busca incessante de conhecimento e inovação não só moldou o panorama científico, como também tem sido uma fonte constante de inspiração para mim. Este trabalho não teria sido possível sem me apoiar nos ombros das vossas contribuições excepcionais e, por isso, estou eternamente grato.

À minha querida mulher, Mamina Bag, e à minha preciosa filha, Dollyna, o vosso amor sem limites, a vossa paciência e a vossa crença inabalável em mim têm sido a minha força motriz. Os vossos sacrifícios e o vosso apoio inabalável têm sido a base sobre a qual construí este empreendimento, e não há palavras para expressar a profundidade da minha gratidão.

Devo tudo aos meus queridos pais, cuja sabedoria e fé inabalável me guiaram em todos os desafios. O meu irmão, Chandra Sekhar, e a minha irmã, Gayatri, têm sido os meus companheiros de toda a vida, oferecendo-me um apoio incondicional que me fez avançar com força e determinação.

Aos meus cunhados, Krishna Dada, Dr. Sagar e Abinash, o vosso encorajamento e crença no meu trabalho alimentaram a minha determinação. Estou também profundamente grato a Er. Uttam Panighari, o estimado Presidente do Grupo de Instituições Gayatri, pelo vosso apoio e crença constantes na minha visão.

Este livro é um testemunho de todos vós. É com imensa gratidão e respeito que dedico esta obra a cada um de vós, cuja influência e presença deixaram uma marca indelével no meu percurso.

Dr. Dullav Bhosagar

Sobre o autor

O Dr. Dullav Bhosagar é um distinto académico e investigador, atualmente a exercer as funções de Diretor do **Gayatri Degree College**, situado em Bhubaneswar, Odisha, Índia. Tem uma formação académica rica, com um conjunto impressionante de qualificações, incluindo um **mestrado em Zoologia**, um **mestrado em Ciências Ambientais**, um **mestrado em Bioquímica**, um **mestrado em Engenharia Ambiental** e um doutoramento **em Bioquímica**.

A experiência do Dr. Bhosagar abrange várias disciplinas, o que se reflecte nas suas notáveis contribuições tanto para o **ensino como** para **a investigação** nos últimos 15 anos. A sua dedicação à investigação científica é evidente através das suas mais de **48 publicações de investigação** em revistas nacionais e internacionais, solidificando a sua posição como uma figura respeitada no meio académico. Em reconhecimento das suas contribuições notáveis, o Dr. Bhosagar foi distinguido com o **Prémio Jovem Cientista do ICAR-IIWM** em 2014, reconhecendo ainda mais o seu impacto na comunidade científica.

A abordagem interdisciplinar do Dr. Bhosagar ao ensino e à investigação, combinada com a sua experiência, contribuiu significativamente para os domínios da **bioquímica, das ciências ambientais e da zoologia**, bem como para a comunidade académica em geral.

Parte I: Fundamentos da sinalização celular

Capítulo 1: Introdução à sinalização celular

O que é a sinalização celular?

A sinalização celular é um sistema complexo de comunicação que rege as actividades celulares básicas e coordena as acções das células. Os sinais provenientes do ambiente de uma célula são detectados por receptores na sua superfície, conduzindo a uma cascata de interações moleculares no interior da célula. Esta cascata, conhecida como transdução de sinal, conduz a respostas celulares como a expressão de genes, a síntese de proteínas ou outros processos celulares. Essencialmente, a sinalização celular permite que as células interpretem sinais externos, ajustem as suas funções em conformidade e mantenham a homeostase, a condição estável necessária para a sobrevivência.

As células comunicam constantemente para manter o equilíbrio interno, responder às alterações ambientais e regular o seu crescimento, desenvolvimento e morte. Através da sinalização celular, as células podem transmitir mensagens a curtas e longas distâncias, assegurando um funcionamento coordenado em todo o organismo. A perturbação das vias de sinalização celular está associada a uma série de doenças, incluindo cancro, diabetes e doenças neurodegenerativas (Alberts et al., 2015).

2. componentes básicos da sinalização celular

A sinalização celular envolve vários componentes-chave que trabalham em conjunto para garantir a transmissão correta de sinais dentro e entre as células. Os quatro componentes principais incluem moléculas sinalizadoras, receptores, vias de transdução de sinal e mecanismos de resposta.

Moléculas de sinalização

As moléculas de sinalização, também conhecidas como ligandos, são os mensageiros químicos que iniciam a comunicação entre as células. Estas moléculas podem ser proteínas, péptidos, lípidos, iões ou mesmo gases como o óxido nítrico. As moléculas de sinalização podem ter origem em várias fontes, incluindo o ambiente extracelular, outras células ou a própria célula. Uma vez libertadas, ligam-se a receptores específicos na superfície das células alvo ou, em alguns casos, a receptores intracelulares.

Existem dois tipos de sinalização baseados na fonte e na proximidade do sinal: a sinalização autócrina e a sinalização parácrina. Na sinalização autócrina, as células libertam moléculas que afectam a sua própria atividade. A sinalização parácrina envolve moléculas de sinal que actuam em células próximas, facilitando a comunicação local (Lodish et al., 2021).

Receptores

Os receptores são proteínas especializadas localizadas na superfície celular, no citoplasma ou no núcleo. Estes receptores são altamente específicos, concebidos para reconhecer e ligar-se a determinadas moléculas sinalizadoras. Após a ligação, os receptores sofrem alterações conformacionais que activam as vias de sinalização intracelular.

Existem vários tipos de receptores, incluindo:

- **Receptores acoplados à proteína G (GPCRs):** Estes receptores atravessam a membrana celular e, após ativação por uma molécula sinalizadora, desencadeiam a ativação de proteínas G no interior da célula, conduzindo a cascatas de sinalização a jusante.
- **Receptores de tirosina quinase:** Estes receptores, frequentemente envolvidos na regulação do crescimento e divisão celular, são activados por moléculas sinalizadoras como os factores de crescimento. Uma vez activados, adicionam grupos fosfato aos resíduos de tirosina nas proteínas alvo, facilitando a transdução de sinal.
- **Receptores de canais iónicos:** Encontrados principalmente nos neurónios, estes receptores controlam o fluxo de iões como o cálcio, o sódio ou o potássio através da membrana celular em resposta à ligação de um ligando.
- **Receptores intracelulares:** Algumas moléculas sinalizadoras, como as hormonas esteróides, atravessam a membrana celular e ligam-se a receptores no citoplasma ou no núcleo, influenciando diretamente a expressão genética (Purves et al., 2018).

Vias de transdução de sinais

A transdução de sinais refere-se ao processo pelo qual um sinal proveniente do exterior da célula é convertido numa resposta funcional no interior da célula. Quando um recetor se liga a uma molécula sinalizadora, ativa uma cadeia de eventos intracelulares, envolvendo frequentemente a fosforilação de proteínas ou a ativação de mensageiros secundários como o AMP cíclico (AMPc), iões de cálcio ou fosfatos de inositol. Estas moléculas ajudam a retransmitir o sinal amplificando-o, assegurando que mesmo um pequeno sinal pode produzir uma resposta celular significativa.

As principais vias envolvidas na transdução de sinal incluem:

- **Via MAPK/ERK:** Envolvida na regulação das respostas celulares, como o crescimento e a diferenciação, esta via é activada por factores de crescimento e outras moléculas de sinalização. Em última análise, conduz a alterações na expressão dos genes (Widmann et al., 1999).
- **Via PI3K/AKT:** Esta via regula a sobrevivência e a proliferação celular e está frequentemente implicada no cancro. É activada por sinais como a insulina ou factores de crescimento, que estimulam os receptores tirosina-quinases.

- **Via de sinalização cAMP:** Nesta via, a ativação dos GPCRs estimula a produção de cAMP, que depois ativa a proteína quinase A (PKA). Isto leva a vários efeitos a jusante, incluindo a transcrição de genes e a regulação do metabolismo (Alberts et al., 2015).

Mecanismos de resposta

A fase final da sinalização celular envolve respostas celulares ao sinal inicial. Estas respostas podem incluir alterações na expressão genética, síntese proteica, regulação dos canais iónicos, divisão celular ou apoptose (morte celular programada). A natureza da resposta depende do tipo de célula e do sinal recebido.

As células devem ser capazes de afinar as suas respostas aos sinais para garantir o seu funcionamento correto. Os mecanismos de feedback, tanto positivos como negativos, desempenham um papel crucial na regulação da intensidade e da duração da resposta. Por exemplo, os circuitos de feedback negativo ajudam a evitar respostas excessivas que poderiam conduzir a disfunções celulares ou doenças (Lodish et al., 2021).

Importância da sinalização celular na homeostase e na doença

Homeostasia

A sinalização celular é essencial para manter a homeostase, a capacidade de um organismo para regular o seu ambiente interno e manter condições estáveis. As células recebem continuamente sinais sobre alterações no seu ambiente externo e interno. Estes sinais ajudam as células a ajustar as suas actividades para manter o equilíbrio.

Por exemplo, no sistema endócrino, as hormonas são moléculas de sinalização essenciais que regulam vários processos fisiológicos, como o metabolismo, o crescimento e a reprodução. A insulina e o glucagon, duas hormonas segregadas pelo pâncreas, ajudam a manter os níveis de glicose no sangue. Quando os níveis de açúcar no sangue são elevados, a insulina promove a absorção de glicose pelas células, enquanto o glucagon estimula a libertação de glicose quando os níveis são baixos. Este equilíbrio afinado é essencial para o bom funcionamento do organismo (Purves et al., 2018).

A sinalização celular também desempenha um papel na regulação das respostas imunitárias. As citocinas, um grupo de moléculas de sinalização produzidas pelas células imunitárias, ajudam a coordenar a defesa do organismo contra as infecções. Ao ligarem-se a receptores específicos nas células-alvo, as citocinas desencadeiam respostas inflamatórias e activam as células imunitárias para combater os agentes patogénicos (Abbas et al., 2020).

Doença

Quando as vias de sinalização celular funcionam mal, podem conduzir a uma série de doenças. A desregulação destas vias pode resultar de mutações genéticas, infecções ou factores ambientais. Algumas das doenças mais proeminentes ligadas à sinalização celular aberrante incluem o cancro, a diabetes e as doenças neurodegenerativas.

Cancro

O cancro é frequentemente causado por mutações em genes que codificam proteínas envolvidas na sinalização celular. Por exemplo, as mutações no gene Ras, que codifica uma pequena GTPase que regula o crescimento celular, podem levar à ativação descontrolada de vias de sinalização como a via MAPK/ERK. Isto resulta numa proliferação celular excessiva, uma caraterística distintiva do cancro (Lodish et al., 2021).

Do mesmo modo, a via PI3K/AKT é frequentemente desregulada no cancro, promovendo a sobrevivência celular e a resistência à apoptose. Foram desenvolvidos fármacos que visam estas vias de sinalização para inibir o crescimento das células cancerígenas, interferindo com os principais componentes da cascata de sinalização (Porta et al., 2014).

Diabetes

A diabetes tipo 2 está associada a uma sinalização deficiente da insulina. Normalmente, a insulina liga-se a receptores na superfície das células-alvo, activando uma cascata de sinalização que promove a captação de glicose. No entanto, em indivíduos com diabetes tipo 2, esta via torna-se resistente à insulina, levando a níveis elevados de glucose no sangue e a desequilíbrios metabólicos (Alberts et al., 2015).

Doenças neurodegenerativas

A sinalização celular também desempenha um papel crucial no sistema nervoso, onde regula a comunicação entre os neurónios. Nas doenças neurodegenerativas, como a doença de Alzheimer e a doença de Parkinson, os defeitos nas vias de sinalização conduzem à morte de neurónios e à perda de funções cognitivas e motoras. Pensa-se que a sinalização anormal que envolve as proteínas amiloide-beta e tau contribui para o desenvolvimento da doença de Alzheimer, enquanto as mutações nos genes que afectam a sinalização da dopamina estão ligadas à doença de Parkinson (Hyman et al., 2012).

Implicações terapêuticas

A compreensão das vias de sinalização celular abriu novos caminhos para intervenções terapêuticas. Muitos medicamentos modernos têm como alvo componentes específicos das vias de sinalização para corrigir a sinalização desregulada nas doenças. Por exemplo, os inibidores da cinase, que bloqueiam a atividade das proteínas cinases envolvidas na sinalização celular, são utilizados para tratar certos tipos de cancro. Do mesmo modo, as terapias que visam as citocinas são utilizadas para gerir doenças inflamatórias como a artrite reumatoide e a psoríase (Abbas et al., 2020).

Os avanços na biotecnologia também levaram ao desenvolvimento de novas abordagens, como a terapia genética e a imunoterapia, que visam restaurar a sinalização normal nas células doentes. Por exemplo, a terapia com células T com recetor de antigénio quimérico (CAR) envolve a modificação genética das células imunitárias de um doente para aumentar a sua capacidade de reconhecer e matar células cancerígenas através da manipulação de vias de sinalização específicas (June & Sadelain, 2018).

Conclusão

A sinalização celular é um processo complexo que rege a comunicação entre as células e o seu ambiente. É fundamental para manter a homeostase e orquestrar uma vasta gama de respostas celulares. Os componentes básicos da sinalização celular, incluindo as moléculas sinalizadoras, os receptores, as vias de transdução de sinal e os mecanismos de resposta, trabalham em conjunto para garantir um funcionamento celular adequado. Quando estas vias funcionam mal, podem conduzir a doenças como o cancro, a diabetes e as doenças neurodegenerativas. No entanto, os avanços na nossa compreensão da sinalização celular levaram ao desenvolvimento de terapias direcionadas que são promissoras para o tratamento destas doenças. À medida que a investigação neste domínio continua a evoluir, o potencial para novas intervenções terapêuticas irá provavelmente expandir-se, oferecendo a esperança de tratamentos mais eficazes para uma variedade de doenças.

Referências

1. Abbas, A. K., Lichtman, A. H., & Pillai, S. (2020). *Imunologia básica: Funções e distúrbios do sistema imunológico* (6ª ed.). Elsevier.
2. Alberts, B., Johnson, A., Lewis, J., Raff, M., Roberts, K., & Walter, P. (2015). *Biologia Molecular da Célula* (6ª ed.). Garland Science.
3. Hyman, B. T., Phelps, C. H., Beach, T. G., Bigio, E. H., Cairns, N. J., Carrillo, M. C., ... & Trojanowski, J. Q. (2012). Diretrizes do National Institute on Aging-Alzheimer's Association para a avaliação neuropatológica da doença de Alzheimer. *Alzheimer & Dementia, 8*(1), 1-13.
4. June, C. H., & Sadelain, M. (2018). Terapia com recetor de antígeno quimérico. *New England Journal of Medicine, 379*(1), 64-73.
5. Lodish, H., Berk, A., Kaiser, C. A., Krieger, M., Bretscher, A., Ploegh, H., & Amon, A. (2021). *Biologia Celular Molecular* (9ª ed.). W.H. Freeman and Company.
6. Porta, C., Paglino, C., & Mosca, A. (2014). Visando a sinalização PI3K / Akt / mTOR no câncer. *Fronteiras em Oncologia, 4*, 64.

7. Purves, D., Augustine, G. J., Fitzpatrick, D., Katz, L. C., LaMantia, A. S., McNamara, J. O., & Williams, S. M. (2018). *Neurociência* (6ª ed.). Oxford University Press.
8. Widmann, C., Gibson, S., Jarpe, M. B., & Johnson, G. L. (1999). Mitogen-activated protein kinase: Conservation of a three-kinase module from yeast to human. *Physiological Reviews, 79*(1), 143-180.

Capítulo 2: Tipos de sinalização: Local vs. Longa Distância

Os mecanismos de sinalização celular podem ser classificados com base na distância que as moléculas de sinalização percorrem e na forma como as células-alvo recebem o sinal. Este capítulo explora cinco tipos principais de sinalização, concentrando-se nas distinções entre sinalização local e sinalização de longa distância. Os tipos incluem a sinalização parácrina, a sinalização autócrina, a sinalização endócrina (hormonal), a sinalização justácrina e a sinalização sináptica. Cada um destes mecanismos desempenha um papel fundamental na comunicação celular e na homeostase do organismo.

Sinalização parácrina

Definição e mecanismo

A sinalização parácrina ocorre quando uma célula liberta moléculas de sinalização, conhecidas como ligandos, que actuam em células-alvo próximas. Esta forma de sinalização é localizada, com os ligandos a difundirem-se através da matriz extracelular a curtas distâncias. Os sinais parácrinos normalmente degradam-se rapidamente, garantindo que os seus efeitos se limitam a uma pequena área e impedindo a ativação generalizada de células distantes.

Um exemplo comum de sinalização parácrina envolve a libertação de factores de crescimento, que influenciam a proliferação e diferenciação celular no tecido circundante. Por exemplo, o fator de crescimento de fibroblastos (FGF) estimula a proliferação de fibroblastos próximos, influenciando a cicatrização de feridas e a regeneração de tecidos (Alberts et al., 2015).

Importância no desenvolvimento e na doença

A sinalização parácrina é fundamental durante o desenvolvimento embrionário, onde dirige a diferenciação celular e o padrão dos tecidos. Por exemplo, a Sonic Hedgehog (Shh) é uma proteína sinalizadora que regula a formação de vários tecidos no embrião em desenvolvimento através da sinalização parácrina. As perturbações nas vias de sinalização parácrina podem resultar em defeitos de desenvolvimento ou contribuir para a progressão de doenças, como o cancro. A sinalização parácrina aberrante no microambiente tumoral pode promover a sobrevivência das células cancerígenas, a angiogénese e a evasão imunitária (Hanahan & Weinberg, 2011).

Caraterísticas principais

- Transmissão de sinal localizada
- Actua nas células vizinhas
- Degradação rápida do sinal

Sinalização autócrina

Definição e mecanismo

A sinalização autócrina refere-se a uma forma de comunicação celular em que a célula sinalizadora liberta moléculas que actuam em receptores localizados na sua própria superfície. Este mecanismo permite que as células se auto-regulem e ajustem o seu comportamento com base nos sinais que produzem.

A sinalização autócrina é frequentemente observada nas respostas imunitárias. Por exemplo, as células T, um tipo de célula imunitária, libertam citocinas que, por sua vez, se ligam aos seus próprios receptores de citocinas, desencadeando uma maior ativação e proliferação. Este ciclo de feedback é essencial para amplificar a resposta imunitária durante a infeção (Abbas et al., 2020).

Papel no cancro

No cancro, a sinalização autócrina desempenha um papel significativo na promoção do crescimento celular descontrolado. Muitas células tumorais produzem e respondem aos seus próprios factores de crescimento, criando um ciclo auto-sustentado que impulsiona a progressão do cancro. Por exemplo, as células do cancro da mama podem produzir e responder às suas próprias hormonas do tipo estrogénio através da sinalização autócrina, alimentando o crescimento do tumor (Lodish et al., 2021).

Caraterísticas principais

- Transmissão de sinal auto-estimulante
- Circuitos de feedback para a autorregulação
- Pode promover respostas celulares rápidas

Sinalização endócrina (hormonal)

Definição e mecanismo

A sinalização endócrina envolve a libertação de hormonas na corrente sanguínea, que percorrem longas distâncias até chegarem a células-alvo em diferentes partes do corpo. Ao contrário da sinalização parácrina e autócrina, que ocorre a curtas distâncias, a sinalização endócrina permite que as células comuniquem através de todo o organismo.

As hormonas são mensageiros químicos produzidos por glândulas especializadas, como a hipófise, a tiroide e as glândulas supra-renais. Estas hormonas regulam uma grande variedade de processos fisiológicos, incluindo o metabolismo, o crescimento e a reprodução. Por exemplo, a insulina é uma hormona produzida pelo pâncreas que regula os níveis de glicose no sangue, actuando sobre células-alvo no fígado, músculos e tecidos adiposos (Alberts et al., 2015).

Papel na homeostase

A sinalização endócrina é essencial para manter a homeostase, uma vez que permite ao corpo responder às alterações ambientais e coordenar processos complexos como o crescimento e o desenvolvimento. Por exemplo, durante períodos de stress, as glândulas supra-renais libertam cortisol, uma hormona que prepara o corpo para uma resposta de "luta ou fuga", aumentando os níveis de açúcar no sangue e suprimindo funções corporais não essenciais (Sapolsky, 2015).

Os desequilíbrios hormonais nas vias de sinalização endócrina podem conduzir a várias doenças. Por exemplo, uma produção insuficiente de insulina ou uma sinalização deficiente da insulina podem resultar em diabetes, uma doença metabólica caracterizada por níveis crónicos elevados de açúcar no sangue (Lodish et al., 2021).

Caraterísticas principais

- Transmissão de sinais a longa distância através da corrente sanguínea
- Respostas mais lentas mas sustentadas
- Regula processos sistémicos como o metabolismo e o crescimento

Sinalização da Juxtacrina

Definição e mecanismo

A sinalização justácrina é um tipo de comunicação célula-a-célula em que o sinal não é libertado para o espaço extracelular, mas permanece ligado à célula sinalizadora. O sinal é apresentado diretamente à célula-alvo através de contacto físico. Esta forma de sinalização é altamente localizada, exigindo uma interação direta entre células adjacentes.

Um exemplo comum de sinalização justácrina é a interação entre as células imunitárias e as células apresentadoras de antigénios. As células imunitárias reconhecem antigénios estranhos através do contacto direto com as células apresentadoras de antigénios, desencadeando uma resposta imunitária. Outro exemplo envolve a via de sinalização Notch, que desempenha um papel na diferenciação celular e no desenvolvimento de tecidos durante a embriogénese (Bray, 2016).

Importância no desenvolvimento e na manutenção dos tecidos

A sinalização juxtacrina é essencial para manter a estrutura e a função dos tecidos. No sistema nervoso, por exemplo, as células dependem da sinalização juxtacrina para manter as ligações adequadas entre os neurónios e as células de suporte. Do mesmo modo, na pele, os queratinócitos comunicam com os fibroblastos subjacentes através da sinalização justácrina para manter a integridade dos tecidos (Kang & Lee, 2019).

As perturbações na sinalização juxtácrina podem conduzir a perturbações do desenvolvimento e contribuir para a progressão do cancro. Por exemplo, a ativação aberrante da via de sinalização Notch está associada a vários tipos de cancro, incluindo a leucemia e o cancro da mama (Bray, 2016).

Caraterísticas principais

- Contacto direto célula a célula
- Sinalização altamente localizada
- Importante nas respostas imunitárias e na manutenção dos tecidos

Sinalização sináptica

Definição e mecanismo

A sinalização sináptica é uma forma especializada de sinalização parácrina que ocorre entre neurónios no sistema nervoso. Envolve a transmissão de sinais eléctricos ao longo do axónio de um neurónio, seguida da libertação de neurotransmissores nas sinapses. Os neurotransmissores difundem-se através da fenda sináptica, o pequeno espaço entre o neurónio sinalizador e a célula alvo, que pode ser outro neurónio ou uma célula muscular.

A transmissão de sinais eléctricos ao longo do axónio é mediada por canais iónicos, enquanto a libertação de neurotransmissores na sinapse desencadeia uma resposta na célula-alvo, como a geração de um potencial de ação ou a estimulação da contração muscular (Purves et al., 2018).

Papel na comunicação neural

A sinalização sináptica é fundamental para a comunicação neural, permitindo que os neurónios transmitam sinais de forma rápida e precisa a curtas distâncias. Esta forma de sinalização está na base de processos essenciais como a sensação, o movimento, a aprendizagem e a memória. Por exemplo, a acetilcolina é um neurotransmissor que desempenha um papel fundamental na transmissão de sinais entre os neurónios motores e as células musculares, permitindo o movimento voluntário (Purves et al., 2018).

A sinalização sináptica está também envolvida na neuroplasticidade, a capacidade do cérebro para se adaptar a novas informações e experiências. As perturbações nas vias de sinalização sináptica estão associadas a doenças neurodegenerativas como a doença de Alzheimer e a doença de Parkinson, em que a perda de neurónios e de ligações sinápticas conduz ao declínio cognitivo e motor (Hyman et al., 2012).

Caraterísticas principais

- Transmissão rápida de sinais entre os neurónios
- Envolve neurotransmissores e sinais eléctricos

- Crucial para processos como o movimento, a sensação e a aprendizagem

Conclusão

Os mecanismos de sinalização celular variam muito em termos da distância percorrida pelos sinais e da natureza das moléculas de sinalização envolvidas. A sinalização parácrina e autócrina são formas de comunicação local que permitem que as células regulem as actividades próximas ou as actividades próprias, enquanto a sinalização endócrina envolve a comunicação a longa distância através de hormonas que regulam os processos fisiológicos sistémicos. A sinalização justácrina requer o contacto direto entre células adjacentes, o que a torna essencial para as respostas imunitárias e a manutenção dos tecidos. A sinalização sináptica, uma forma especializada de sinalização parácrina, permite uma comunicação rápida e precisa entre neurónios, facilitando funções essenciais no sistema nervoso. A compreensão dos diferentes tipos de sinalização é fundamental para entender como as células comunicam e coordenam as suas funções, tanto na saúde como na doença.

Referências

1. Abbas, A. K., Lichtman, A. H., & Pillai, S. (2020). *Imunologia básica: Funções e distúrbios do sistema imunológico* (6ª ed.). Elsevier.
2. Alberts, B., Johnson, A., Lewis, J., Raff, M., Roberts, K., & Walter, P. (2015). *Biologia Molecular da Célula* (6ª ed.). Garland Science.
3. Bray, S. J. (2016). Sinalização Notch em contexto. *Nature Reviews Molecular Cell Biology, 17*(11), 722-735.
4. Hanahan, D., & Weinberg, R. A. (2011). Caraterísticas do cancro: A próxima geração. *Cell, 144*(5), 646-674.
5. Hyman, B. T., Phelps, C. H., Beach, T. G., Bigio, E. H., Cairns, N. J., Carrillo, M. C., ... & Trojanowski, J. Q. (2012). Diretrizes do National Institute on Aging-Alzheimer's Association para a avaliação neuropatológica da doença de Alzheimer. *Alzheimer & Dementia, 8*(1), 1-13.
6. Kang, W., & Lee, S. (2019). Sinalização de juxtacrina: Funções e mecanismos biológicos. *Revisão Anual de Fisiologia, 81*, 35-57.
7. Lodish, H., Berk, A., Kaiser, C. A., Krieger, M., Bretscher, A., Ploegh, H., & Amon, A. (2021). *Biologia Celular Molecular* (9ª ed.). W.H. Freeman and Company.
8. Purves, D., Augustine, G. J., Fitzpatrick, D., Katz, L. C., LaMantia, A. S., McNamara, J. O., & Williams, S. M. (2018). *Neurociência* (6ª ed.). Oxford University Press.
9. Sapolsky, R. M. (2015). *Por que as zebras não têm úlceras* (3ª ed.). Henry Holt and Co.

Capítulo 3: Ligandos - Os primeiros mensageiros

A sinalização celular envolve várias moléculas que transmitem sinais entre células, coordenando processos biológicos em diferentes tecidos e órgãos. Os ligandos, conhecidos como os "primeiros mensageiros", são moléculas de sinalização que se ligam a receptores nas células alvo para iniciar respostas celulares. Estes ligandos podem ser proteínas, péptidos, hormonas esteróides ou gases, e as suas interações com receptores específicos são fundamentais para a comunicação celular. Este capítulo irá explorar diferentes tipos de ligandos, interações recetor-ligando e os conceitos de especificidade e afinidade nas vias de sinalização.

Tipos de ligandos

Proteínas e péptidos

As proteínas e os péptidos representam uma classe grande e diversificada de ligandos que desempenham papéis cruciais na sinalização celular. Estes ligandos ligam-se normalmente a receptores de superfície celular devido à sua natureza hidrofílica, que os impede de atravessar a bicamada lipídica da membrana celular. Em vez disso, dependem de receptores ligados à membrana para transmitir sinais para a célula.

Os factores de crescimento são uma categoria fundamental de ligandos proteicos. Por exemplo, o fator de crescimento epidérmico (EGF) liga-se ao seu recetor (EGFR), levando à ativação de vias de sinalização intracelular que regulam o crescimento e a proliferação celular (Lodish et al., 2021). Outros exemplos incluem a insulina, uma hormona peptídica que regula o metabolismo da glicose ligando-se aos receptores de insulina na superfície celular (Alberts et al., 2015).

As citocinas, pequenas proteínas segregadas pelas células imunitárias, são outro grupo essencial. Medeiam as respostas imunitárias ligando-se a receptores específicos em células imunitárias e não imunitárias. Por exemplo, as interleucinas e os interferões são fundamentais na resposta inflamatória, activando várias vias imunitárias que ajudam o organismo a defender-se contra infecções (Abbas et al., 2020).

Hormonas esteróides

As hormonas esteróides são ligandos lipossolúveis derivados do colesterol e desempenham um papel fundamental na regulação do metabolismo, da função imunitária e do desenvolvimento. Ao contrário dos ligandos proteicos, as hormonas esteróides podem difundir-se através da membrana celular devido à sua natureza hidrofóbica e ligar-se a receptores intracelulares.

As hormonas esteróides incluem **o cortisol, a testosterona, o estrogénio** e **a progesterona**. Uma vez dentro da célula, estas hormonas ligam-se a receptores citoplasmáticos ou nucleares, que depois se translocam para o núcleo para regular a expressão genética. Por exemplo, o recetor de glucocorticóides, quando ligado ao cortisol, actua como um fator de transcrição, controlando os genes envolvidos nas respostas ao stress, no metabolismo e na inflamação (Sapolsky, 2015).

As hormonas esteróides são essenciais para manter a homeostasia. Os desequilíbrios na sua sinalização podem conduzir a doenças como a osteoporose, doenças cardiovasculares e certos tipos de cancro. A sinalização do recetor de estrogénio (ER), por exemplo, está implicada no desenvolvimento do cancro da mama, onde o excesso de estrogénio pode promover o crescimento descontrolado das células (Porta et al., 2014).

Gases (Óxido Nítrico)

O óxido nítrico (NO) é uma molécula de sinalização única que actua como um ligando gasoso. Ao contrário das proteínas e das hormonas esteróides, o NO é altamente difusível e pode atravessar as membranas celulares para atuar em células-alvo próximas. O óxido nítrico desempenha um papel essencial na regulação do tónus vascular, da neurotransmissão e das respostas imunitárias.

Nas células endoteliais vasculares, o NO é sintetizado pela óxido nítrico sintase (NOS) e difunde-se para as células musculares lisas adjacentes. Aí, ativa a guanilil ciclase, aumentando os níveis de GMP cíclico (cGMP), o que provoca o relaxamento e a vasodilatação do músculo liso. Este mecanismo está subjacente ao efeito terapêutico de fármacos como a nitroglicerina, utilizada para tratar a angina, aumentando o fluxo sanguíneo para o coração (Ignarro, 2019).

O NO também funciona como um neurotransmissor no cérebro, modulando processos como a aprendizagem e a memória. Além disso, desempenha um papel no sistema imunitário, ajudando os macrófagos a matar os agentes patogénicos durante uma resposta imunitária (Purves et al., 2018).

Resumo dos tipos de ligandos

- **Proteínas e péptidos**: Hidrofílicos, ligam-se a receptores ligados à membrana (por exemplo, factores de crescimento, insulina).
- **Hormonas esteróides**: Lipossolúveis, ligam-se a receptores intracelulares (por exemplo, cortisol, estrogénio).
- **Gases**: Difusíveis, activam enzimas intracelulares (por exemplo, óxido nítrico).

Interações Recetor-Ligando

Ligação e ativação

As interações recetor-ligando são altamente específicas, sendo que os receptores reconhecem normalmente um determinado ligando com base na forma molecular e nas propriedades químicas. Quando um ligando se liga ao seu recetor, induz uma alteração conformacional no recetor, activando as vias de sinalização a jusante.

Por exemplo, quando o EGF se liga ao EGFR, o recetor sofre dimerização e autofosforilação, desencadeando cascatas de sinalização intracelular, como a via Ras-MAPK. Estas cascatas acabam por regular a expressão genética, a proliferação e a diferenciação celular (Lodish et al., 2021).

Os receptores podem ser classificados em diferentes classes, incluindo **os receptores acoplados à proteína G (GPCRs), os receptores tirosina-quinases (RTKs)** e **os receptores nucleares**. Os GPCR são a maior família de receptores e estão envolvidos numa vasta gama de processos fisiológicos, desde a perceção sensorial às respostas imunitárias. Os RTK, como o EGFR, são essenciais para controlar o crescimento e a sobrevivência das células, enquanto os receptores nucleares medeiam os efeitos das hormonas esteróides através da regulação da expressão genética (Purves et al., 2018).

Cascatas de sinalização intracelular

Quando um recetor é ativado pelo seu ligando, desencadeia uma série de eventos intracelulares conhecidos como cascata de sinalização. Estas cascatas envolvem frequentemente a fosforilação de proteínas, a produção de segundos mensageiros como o AMP cíclico (cAMP) e a ativação de enzimas como as cinases.

Por exemplo, os GPCR activam a adenilil ciclase, que converte o ATP em AMPc, um segundo mensageiro que regula a proteína quinase A (PKA). A PKA, por sua vez, fosforila várias proteínas alvo, levando a alterações na atividade celular. Do mesmo modo, os RTK activam moléculas de sinalização a jusante, como a PI3K e a Akt, que promovem a sobrevivência e o crescimento celular (Porta et al., 2014).

Terminação do sinal

Para manter a homeostase, as interações recetor-ligando têm de ser rigorosamente reguladas. Depois de um ligando ter transmitido o seu sinal, a via de sinalização é terminada para evitar uma ativação excessiva ou prolongada. Os mecanismos de terminação do sinal incluem a degradação dos ligandos, a internalização e degradação dos receptores e a desativação das proteínas de sinalização a jusante através da desfosforilação (Purves et al., 2018).

Especificidade e afinidade

Especificidade na sinalização

A especificidade da sinalização celular é determinada pela interação precisa entre um ligando e o seu recetor. Esta especificidade garante que apenas as células-alvo com os receptores adequados respondem a um determinado sinal. Por exemplo, a insulina liga-se especificamente ao recetor de insulina e não a outros receptores, assegurando um controlo rigoroso do metabolismo da glicose (Alberts et al., 2015).

A interação entre diferentes vias de sinalização pode modular a especificidade. As células integram sinais de várias vias para produzir uma resposta coordenada, o que permite um ajuste fino do comportamento celular. No entanto, uma interação excessiva pode levar a uma desregulação e contribuir para doenças como o cancro, em que várias vias de sinalização podem ser activadas de forma aberrante (Hanahan & Weinberg, 2011).

Afinidade e força de ligação

A afinidade refere-se à força da interação entre um ligando e o seu recetor. As interações de elevada afinidade implicam uma ligação forte e estável, mesmo com concentrações baixas do ligando, enquanto as interações de baixa afinidade requerem concentrações mais elevadas do ligando para obter o mesmo efeito.

A afinidade é crucial para garantir respostas celulares adequadas. Por exemplo, as hormonas como a epinefrina devem ligar-se com elevada afinidade aos seus receptores para provocar respostas rápidas durante o stress, como o aumento do ritmo cardíaco e a mobilização das reservas de energia. Em contrapartida, as interações de menor afinidade podem permitir respostas mais transitórias ou graduais (Lodish et al., 2021).

A **constante de dissociação (Kd)** é frequentemente utilizada para quantificar a afinidade recetor-ligando. Um valor baixo de Kd indica uma ligação de elevada afinidade, enquanto um valor elevado de Kd sugere uma ligação mais fraca. As células podem modular a afinidade do recetor através de modificações pós-traducionais ou alterando a expressão de diferentes isoformas do recetor (Purves et al., 2018).

Conclusão

Os ligandos funcionam como os primeiros mensageiros na sinalização celular, iniciando a comunicação através da ligação a receptores específicos nas células-alvo. A diversidade de ligandos, desde proteínas e péptidos a hormonas esteróides e gases como o óxido nítrico, permite a regulação de uma grande variedade de processos biológicos. As interações recetor-ligando são caracterizadas pela especificidade e afinidade, garantindo uma sinalização precisa e controlada. A compreensão destas interações é essencial para elucidar os mecanismos subjacentes à função celular normal e à patogénese das doenças.

Referências

1. Abbas, A. K., Lichtman, A. H., & Pillai, S. (2020). *Imunologia básica: Funções e distúrbios do sistema imunológico* (6ª ed.). Elsevier.
2. Alberts, B., Johnson, A., Lewis, J., Raff, M., Roberts, K., & Walter, P. (2015). *Biologia Molecular da Célula* (6ª ed.). Garland Science.
3. Hanahan, D., & Weinberg, R. A. (2011). Caraterísticas do cancro: A próxima geração. *Cell, 144*(5), 646-674.
4. Ignarro, L. J. (2019). O óxido nítrico como uma molécula de sinalização única no sistema vascular: Uma visão geral histórica. *Journal of Physiology and Pharmacology, 70*(6), 621-635.
5. Lodish, H., Berk, A., Kaiser, C. A., Krieger, M., Bretscher, A., Ploegh, H., & Amon, A. (2021). *Biologia Celular Molecular* (9ª ed.). W.H. Freeman and Company.
6. Porta, C., Paglino, C., & Mosca, A. (2014). Visando a sinalização PI3K / Akt / mTOR no câncer. *Fronteiras em Oncologia, 4*, 64.
7. Purves, D., Augustine, G. J., Fitzpatrick, D., Katz, L. C., LaMantia, A. S., McNamara, J. O., & Williams, S. M. (2018). *Neurociência* (6ª ed.). Oxford University Press.
8. Sapolsky, R. M. (2015). *Por que as zebras não têm úlceras* (3ª ed.). Henry Holt and Co.

Capítulo 4: Receptores - Os guardiões

Os receptores são componentes críticos na comunicação celular, permitindo que as células percebam e respondam ao seu ambiente. Actuam como "guardiões" ao receberem e transmitirem sinais que medeiam vários processos fisiológicos. Os receptores, que são moléculas proteicas encontradas na superfície celular ou no interior da célula, desempenham um papel crucial na transdução de sinais, facilitando a interação entre os ambientes extracelular e intracelular. Este capítulo aborda os tipos de receptores, os seus mecanismos de ação e os intrincados processos envolvidos na ativação e alteração conformacional dos receptores.

Tipos de receptores

As principais classes de receptores são os receptores ligados a canais iónicos, os receptores acoplados à proteína G (GPCR), os receptores ligados a enzimas e os receptores intracelulares. Cada tipo de recetor funciona através de mecanismos distintos para mediar a sinalização celular.

1. Receptores ligados a canais iónicos

Os receptores ligados a canais iónicos, também conhecidos como canais iónicos ligados a ligandos, são proteínas integrais da membrana que permitem a passagem de iões como Na+^++, K+^++, Ca2+^{2+}2+ ou Cl-^-- através da membrana em resposta à ligação de um ligando específico. Estes receptores são essenciais para a transmissão sináptica rápida e encontram-se normalmente nas células nervosas e musculares. Um exemplo comum é o recetor nicotínico da acetilcolina, que se abre em resposta à ligação da acetilcolina, permitindo o influxo de iões Na+^++ e conduzindo à contração muscular (Hille, 2001).

Estes receptores funcionam em milissegundos, o que os torna ideais para processos que requerem respostas rápidas, como a comunicação neural. Após a ligação do ligando, o recetor sofre uma alteração conformacional que abre o canal iónico, permitindo que os iões fluam pelo seu gradiente eletroquímico. Este fluxo de iões altera o potencial da membrana e dá início a uma resposta intracelular (Purves et al., 2001). A disfunção dos receptores ligados aos canais iónicos pode levar a uma série de perturbações neurológicas, incluindo epilepsia e miastenia gravis (Ashcroft, 2006).

2. Receptores acoplados à proteína G (GPCRs)

Os GPCR são uma grande família de receptores que detectam moléculas no exterior da célula e activam vias internas de transdução de sinal e respostas celulares. Estes receptores estão envolvidos em muitos processos fisiológicos, como a visão, o paladar, o olfato, a função do sistema imunitário e a neurotransmissão (Lagerström & Schiöth, 2008). Os GPCRs têm uma estrutura caraterística que atravessa a membrana sete vezes, daí o seu outro nome, receptores de sete transmembranas (Oldham & Hamm, 2008).

Os GPCRs funcionam através da ligação a um ligando, que induz uma alteração conformacional que permite ao recetor interagir com uma proteína G no lado intracelular da membrana. Esta interação leva à troca de GDP por GTP na proteína G, activando-a. A proteína G activada pode então regular vários efectores a jusante, como a adenilil ciclase ou a fosfolipase C, para produzir segundos mensageiros como o AMPc ou o IP3 (Pierce et al., 2002).

A disfunção da sinalização dos GPCR tem sido associada a várias doenças, incluindo o cancro, as doenças cardiovasculares e as síndromes metabólicas. O envolvimento extensivo dos GPCR na fisiologia humana torna-os um alvo importante para o desenvolvimento de medicamentos (Dorsam & Gutkind, 2007).

3. Receptores ligados a enzimas

Os receptores ligados a enzimas, também conhecidos como receptores tirosina-quinases (RTK), são receptores que, após a ligação do ligando, activam uma atividade enzimática intrínseca. Estes receptores estão normalmente envolvidos na regulação do crescimento, diferenciação e sobrevivência das células. Um dos exemplos mais conhecidos é o recetor do fator de crescimento epidérmico (EGFR), que, quando ligado ao seu ligando, sofre dimerização e autofosforilação em resíduos específicos de tirosina (Schlessinger, 2000). Esta fosforilação cria locais de ligação para proteínas envolvidas em vias de sinalização a jusante, como as vias MAPK ou PI3K, que, em última análise, conduzem a alterações na expressão genética e no comportamento celular (Lemmon & Schlessinger, 2010).

Ligado a uma enzima

Os receptores RTK desempenham papéis fundamentais em processos como a proliferação e a sobrevivência das células, o que os torna actores cruciais no desenvolvimento e na biologia do cancro. As mutações ou a sobreactivação dos RTKs podem levar a uma divisão celular descontrolada, contribuindo para o desenvolvimento de cancros, incluindo os cancros da mama e do pulmão (Lemmon & Schlessinger, 2010). A utilização de pequenas moléculas ou anticorpos contra os RTK tornou-se uma estratégia terapêutica no tratamento do cancro, com medicamentos como o trastuzumab e o erlotinib a inibir especificamente a atividade destes receptores (Normanno et al., 2006).

O mecanismo básico de ativação do recetor ligado a uma enzima envolve normalmente a ligação do ligando, a dimerização do recetor e a ativação de um domínio de cinase intracelular. Após a ativação, o recetor fosforila resíduos de tirosina no seu domínio intracelular, criando locais de acoplamento para proteínas de sinalização a jusante que propagam o sinal na célula (Schlessinger, 2000). A atividade cinase do recetor é fortemente regulada, uma vez que as aberrações podem conduzir a doenças como o cancro, a diabetes e a inflamação (Hubbard & Till, 2000).

4. Receptores intracelulares

Ao contrário dos receptores ligados à membrana mencionados anteriormente, os receptores intracelulares estão localizados no citoplasma ou no núcleo da célula. Estes receptores estão principalmente envolvidos na regulação dos genes e são activados por moléculas lipofílicas, como as hormonas esteróides, as hormonas da tiroide e os retinóides, que podem atravessar a membrana celular (Mangelsdorf et al., 1995). Após a ligação do ligando, estes receptores sofrem normalmente uma alteração conformacional que lhes permite ligarem-se a sequências de ADN específicas e regular a transcrição de genes alvo.

Um exemplo importante de receptores intracelulares é a família dos receptores de hormonas nucleares, que inclui o recetor de glucocorticóides (GR), o recetor de estrogénios (ER) e o recetor de hormonas da tiroide (TR). Estes receptores regulam uma vasta gama de processos fisiológicos, como o metabolismo, as respostas imunitárias e as funções reprodutivas (McKenna & O'Malley, 2002).

Uma vez que os receptores intracelulares influenciam diretamente a expressão genética, desempenham um papel importante nas respostas celulares a longo prazo, como a diferenciação e o desenvolvimento. As mutações ou a desregulação da sinalização dos receptores intracelulares podem conduzir a várias doenças, incluindo cancros relacionados com as hormonas, como o cancro da mama e da próstata (Clarke et al., 2001).

Ativação do recetor e alteração conformacional

A ativação dos receptores é um processo complexo que, normalmente, envolve a ligação do ligando e subsequentes alterações conformacionais na estrutura do recetor. Estas alterações permitem que o recetor transmita o sinal do ambiente extracelular para a maquinaria de sinalização intracelular, iniciando assim uma resposta celular.

Mecanismo de ativação

Na maioria dos casos, os receptores são activados pela ligação de um ligando específico, como uma hormona, um neurotransmissor ou um fator de crescimento. A ligação do ligando induz uma alteração conformacional no recetor, que pode levar à abertura de um canal iónico, à ativação de uma proteína G ou ao início de uma cascata de quinase, dependendo do tipo de recetor (Pierce et al., 2002).

No caso dos receptores ligados a canais iónicos, a ligação do ligando resulta na abertura rápida do canal iónico, permitindo que os iões fluam para dentro ou para fora da célula. Este movimento iónico altera o potencial da membrana e pode desencadear um potencial de ação nos neurónios ou levar à contração muscular (Ashcroft, 2006). As alterações conformacionais nestes receptores são normalmente rápidas e reversíveis, permitindo uma sinalização rápida e transitória.

Nos GPCRs, a alteração conformacional induzida pela ligação do ligando permite que o recetor interaja com uma proteína G, que ativa ou inibe as moléculas de sinalização a jusante. A flexibilidade conformacional dos GPCRs é essencial para a sua capacidade de interagir com diferentes proteínas G e regular múltiplas vias de sinalização (Oldham & Hamm, 2008).

Os receptores ligados a enzimas, como os RTK, sofrem dimerização e autofosforilação após a ligação do ligando, o que leva ao recrutamento de proteínas de sinalização a jusante. A fosforilação de resíduos de tirosina específicos no domínio intracelular do recetor serve como local de acoplamento para proteínas que propagam o sinal, conduzindo, em última análise, a alterações na expressão genética e no comportamento celular (Schlessinger, 2000).

Os receptores intracelulares, pelo contrário, funcionam normalmente ligando-se diretamente ao ADN e regulando a transcrição dos genes. A ligação do ligando induz uma alteração conformacional no recetor que lhe permite reconhecer e ligar-se a sequências de ADN específicas, promovendo ou inibindo a transcrição de genes alvo (Mangelsdorf et al., 1995).

Alteração conformacional e transdução de sinais

A mudança conformacional é fundamental para a função de todos os receptores. Quando um ligando se liga a um recetor, induz um rearranjo estrutural que envolve frequentemente o reposicionamento de domínios-chave ou a exposição de sítios de ligação anteriormente ocultos. Esta mudança de forma permite que o recetor interaja com outras proteínas ou moléculas, facilitando a transdução de sinais através da membrana celular ou dentro do núcleo (Lemmon & Schlessinger, 2010).

Nos GPCRs, a alteração conformacional que ocorre após a ligação do ligando permite que o recetor active a sua proteína G associada. Esta ativação envolve a troca de GDP por GTP na proteína G, o que leva à dissociação das suas subunidades e à ativação de efectores a jusante. A flexibilidade estrutural dos GPCRs permite-lhes interagir com diferentes tipos de proteínas G e regular um conjunto diversificado de vias de sinalização (Oldham & Hamm, 2008).

No caso dos receptores ligados a enzimas, são necessárias alterações conformacionais para a ativação da atividade cinase intrínseca do recetor. A dimerização induzida pelo ligando aproxima os domínios de cinase intracelular de duas moléculas receptoras, permitindo-lhes fosforilar uma à outra em resíduos de tirosina específicos. Este evento de fosforilação cria locais de ligação para proteínas de sinalização, que transmitem o sinal para a célula (Schlessinger, 2000).

Os receptores intracelulares também sofrem alterações conformacionais após a ligação do ligando, o que lhes permite ligar-se ao ADN e regular a transcrição dos genes. Estes receptores contêm normalmente domínios distintos de ligação ao ligando e de ligação ao ADN, e a alteração conformacional induzida pelo ligando é necessária para que o recetor interaja com sequências de ADN específicas nas regiões promotoras dos genes-alvo (McKenna & O'Malley, 2002).

Conclusão

Os receptores são indispensáveis para a comunicação celular e a regulação dos processos fisiológicos. Os receptores ligados a canais iónicos, os GPCR, os receptores ligados a enzimas e os receptores intracelulares desempenham papéis únicos na mediação de respostas a sinais extracelulares. A ativação dos receptores e as alterações conformacionais são fundamentais para a sua função, permitindo a transmissão de sinais do exterior para o interior da célula. A desregulação da sinalização dos receptores está implicada em numerosas doenças, incluindo cancro, perturbações neurológicas e condições metabólicas. A compreensão dos mecanismos de ativação e de alteração conformacional dos receptores não só fornece informações sobre a biologia celular básica, como também abre oportunidades de intervenção terapêutica numa vasta gama de doenças.

Referências

1. Ashcroft, F. M. (2006). *Da molécula à doença: Ion channels and human disease*. Journal of Physiology, 578(2), 191-200. https://doi.org/10.1113/jphysiol.2006.118539
2. Clarke, R., Liu, M. C., Bouker, K. B., et al. (2001). *Resistência aos antiestrogénios no cancro da mama e o papel da sinalização do recetor de estrogénio*. Oncogene, 22(47), 7316-7339. https://doi.org/10.1038/sj.onc.1205955
3. Dorsam, R. T., & Gutkind, J. S. (2007). *Receptores acoplados à proteína G e cancro*. Nature Reviews Cancer, 7(2), 79-94. https://doi.org/10.1038/nrc2069
4. Hille, B. (2001). *Canais iónicos de membranas excitáveis* (3ª ed.). Sinauer Associates.
5. Hubbard, S. R., & Till, J. H. (2000). *Protein tyrosine kinase structure and function*. Annual Review of Biochemistry, 69(1), 373-398. https://doi.org/10.1146/annurev.biochem.69.1.373
6. Lagerström, M. C., & Schiöth, H. B. (2008). *Diversidade estrutural dos receptores acoplados à proteína G e significado para a descoberta de medicamentos*. Nature Reviews Drug Discovery, 7(4), 339-357. https://doi.org/10.1038/nrd2518
7. Lemmon, M. A., & Schlessinger, J. (2010). *Cell signaling by recetor tyrosine kinases*. Cell, 141(7), 1117-1134. https://doi.org/10.1016/j.cell.2010.06.011
8. Mangelsdorf, D. J., Thummel, C., Beato, M., et al. (1995). *A superfamília dos receptores nucleares: The second decade*. Cell, 83(6), 835-839. https://doi.org/10.1016/0092-8674(95)90199-X

9. McKenna, N. J., & O'Malley, B. W. (2002). *Combinatorial control of gene expression by nuclear receptors and coregulators*. Cell, 108(4), 465-474. https://doi.org/10.1016/S0092-8674(02)00641-3
10. Normanno, N., De Luca, A., Bianco, C., et al. (2006). *Sinalização do recetor do fator de crescimento epidérmico (EGFR) no cancro*. Gene, 366(1), 2-16. https://doi.org/10.1016/j.gene.2005.10.018
11. Oldham, W. M., & Hamm, H. E. (2008). *Heterotrimeric G protein activation by G-protein-coupled receptors*. Nature Reviews Molecular Cell Biology, 9(1), 60-71. https://doi.org/10.1038/nrm2299
12. Pierce, K. L., Premont, R. T., & Lefkowitz, R. J. (2002). *Receptores de sete transmembranas*. Nature Reviews Molecular Cell Biology, 3(9), 639-650. https://doi.org/10.1038/nrm908
13. Purves, D., Augustine, G. J., Fitzpatrick, D., et al. (2001). *Neuroscience* (2ª ed.). Sinauer Associates.
14. Schlessinger, J. (2000). *Cell signaling by recetor tyrosine kinases*. Cell, 103(2), 211-225. https://doi.org/10.1016/S0092-8674(00)00114-8

Capítulo 5: Receptores acoplados à proteína G (GPCRs)

Os receptores acoplados à proteína G (GPCRs) são uma família grande e diversificada de proteínas de membrana que desempenham um papel central em muitos processos fisiológicos. Detectam uma vasta gama de sinais extracelulares e transmitem-nos para o interior da célula, desencadeando várias respostas celulares. Os GPCRs regulam numerosas funções, incluindo a perceção sensorial, as respostas imunitárias e a neurotransmissão. Este capítulo abordará a estrutura e o mecanismo dos GPCRs, os diferentes tipos de proteínas G (Gs, Gi e Gq) e exemplos de sinalização de GPCRs em fisiologia.

Estrutura e mecanismo

Os GPCR partilham uma estrutura caraterística que consiste em sete hélices α transmembranares. Esta estrutura conservada permite-lhes interagir com vários ligandos e proteínas G, que são fundamentais para a transmissão de sinais no interior da célula. Apesar da sua semelhança estrutural, os GPCRs apresentam uma diversidade funcional considerável, ligando-se a uma vasta gama de ligandos, incluindo hormonas, neurotransmissores, iões e estímulos sensoriais como a luz (Rosenbaum et al., 2009).

1. Estrutura

Os GPCR são compostos por um domínio N-terminal extracelular, sete hélices transmembranares e um domínio C-terminal intracelular. A região extracelular contém sítios de ligação ao ligando, que podem variar consoante a função do recetor e o tipo de ligando a que se liga. O domínio transmembranar contém as sete hélices α, que atravessam a membrana celular e sofrem alterações conformacionais após a ligação do ligando. O domínio intracelular interage com as proteínas G, que são os principais mediadores da transdução de sinal dos GPCR (Pierce et al., 2002).

Os GPCRs sofrem uma alteração conformacional quando um ligando se liga ao domínio extracelular, o que ativa o recetor. Esta alteração estrutural é transmitida através das hélices transmembranares para o domínio intracelular, permitindo que o GPCR interaja com uma proteína G específica. O GPCR ativado actua como um fator de troca de nucleótidos de guanina (GEF), promovendo a troca de GDP por GTP na proteína G, activando-a assim (Oldham & Hamm, 2008).

2. Mecanismo de ação

O mecanismo central da sinalização dos GPCR envolve a ativação das proteínas G. As proteínas G são complexos heterotriméricos compostos por três subunidades: alfa (α), beta (β) e gama (γ). No seu estado inativo, a proteína G está ligada ao GDP e permanece associada ao GPCR. Após a ligação do ligando, o GPCR sofre uma alteração conformacional, permitindo-lhe atuar como um GEF para a proteína G. Esta troca de GDP por GTP na subunidade α ativa a proteína G, fazendo com que a subunidade α se dissocie do complexo da subunidade βγ (Oldham & Hamm, 2008).

Uma vez activados, a subunidade α e o complexo βγ podem regular vários efectores a jusante, tais como enzimas e canais iónicos. Os efetores específicos que são ativados dependem do tipo de proteína G associada ao GPCR. O sinal termina quando o GTP ligado à subunidade α é hidrolisado de volta a GDP, retornando a proteína G ao seu estado inativo e permitindo que as subunidades α e βγ se reassociem (Lambright et al., 1994).

Tipos de proteínas G: Gs, Gi, Gq

Existem vários tipos de proteínas G, cada uma com funções distintas. As principais classes de proteínas G são Gs, Gi e Gq. Estes diferentes subtipos de proteína G medeiam uma vasta gama de respostas celulares através da ativação ou inibição de vias de sinalização específicas a jusante.

1. Gs (Proteínas G estimuladoras)

As proteínas Gs são responsáveis pela estimulação da enzima adenilil ciclase, que aumenta a produção do segundo mensageiro AMP cíclico (cAMP). Os níveis elevados de AMPc activam a proteína quinase A (PKA), que fosforila várias proteínas para regular os processos celulares, como o metabolismo, a expressão genética e a divisão celular (Sunahara et al., 1996).

As proteínas Gs estão envolvidas nas vias de sinalização de várias hormonas, incluindo a epinefrina e o glucagon. Por exemplo, o recetor β-adrenérgico, um GPCR que se liga à epinefrina, ativa as proteínas Gs para aumentar os níveis de AMPc nas células cardíacas, aumentando a frequência cardíaca e a contratilidade (Walsh & Kass, 1988). Do mesmo modo, a ligação do glucagon ao seu recetor nas células do fígado ativa as proteínas Gs, estimulando a degradação do glicogénio e a libertação de glicose na corrente sanguínea (Cascieri et al., 1999).

2. Gi (Proteínas G inibitórias)

Em contraste com as proteínas Gs, as proteínas Gi inibem a atividade da adenilil ciclase, reduzindo os níveis de cAMP e a atividade da PKA. Esta inibição modula processos como a libertação de neurotransmissores, a proliferação celular e a apoptose (Watson & Arkinstall, 1994).

Um exemplo bem conhecido de sinalização Gi é o recetor muscarínico de acetilcolina nas células cardíacas. Quando a acetilcolina se liga a este GPCR, ativa as proteínas Gi, levando à inibição da adenilil ciclase e a uma diminuição dos níveis de cAMP. Isto reduz a frequência cardíaca, limitando os efeitos das catecolaminas como a epinefrina e a norepinefrina (Berridge & Irvine, 1984). As proteínas Gi também desempenham um papel na regulação das respostas imunitárias, particularmente no controlo das acções inflamatórias das citocinas (Neves et al., 2002).

3. Gq (ativação da fosfolipase C)

As proteínas Gq activam a enzima fosfolipase C (PLC), que hidrolisa o fosfolípido membranar fosfatidilinositol 4,5-bisfosfato (PIP2) em dois segundos mensageiros: inositol trisfosfato (IP3) e diacilglicerol (DAG). O IP3 promove a libertação de cálcio das reservas intracelulares, enquanto o DAG ativa a proteína quinase C (PKC). Em conjunto, estes segundos mensageiros regulam processos como a contração muscular, a secreção e o crescimento celular (Rhee, 2001).

Um exemplo proeminente de sinalização Gq é a ação da angiotensina II nas células do músculo liso vascular. Quando a angiotensina II se liga ao seu GPCR, ativa as proteínas Gq, levando à produção de IP3 e DAG. O aumento resultante do cálcio intracelular provoca a contração do músculo liso, aumentando a pressão arterial (Sasamura et al., 1992). As proteínas Gq também medeiam os efeitos de outras hormonas, como a oxitocina e a vasopressina, que regulam a contração uterina e a retenção de água, respetivamente (Berridge & Irvine, 1984).

Exemplos de sinalização GPCR em fisiologia

Os GPCRs estão envolvidos em numerosos processos fisiológicos, desde a perceção sensorial até às respostas imunitárias. Seguem-se exemplos das principais vias de sinalização dos GPCR em diferentes sistemas fisiológicos.

1. Visão

Um dos exemplos mais conhecidos de sinalização por GPCR é a via de fototransdução na retina, que permite a visão. A rodopsina, um GPCR localizado nas células fotorreceptoras da retina, detecta a luz e ativa uma proteína G chamada transducina (Gt). Após a ativação da luz, a rodopsina sofre uma alteração conformacional, activando a transducina e conduzindo à hidrólise do GMP cíclico (cGMP). Isto resulta no fecho dos canais iónicos controlados pelo GMPc, causando a hiperpolarização da célula fotorreceptora e a transmissão de sinais visuais para o cérebro (Palczewski, 2006).

2. Olfato

Os GPCRs também desempenham um papel fundamental no sentido do olfato. Os receptores olfactivos, uma grande família de GPCRs localizados no epitélio olfativo, ligam-se a moléculas odorantes e activam as proteínas Gs. A ativação das proteínas Gs estimula a adenilil ciclase, aumentando os níveis de AMPc e abrindo os canais iónicos dependentes do AMPc. Isto leva à despolarização dos neurónios receptores olfactivos e à transmissão de sinais para o cérebro, permitindo a perceção de diferentes odores (Buck & Axel, 1991).

3. Resposta imunitária

Os GPCRs são cruciais para a regulação das respostas imunitárias. Os receptores de quimiocinas, um subconjunto de GPCRs, orientam as células imunitárias para locais de infeção ou inflamação, respondendo a gradientes de quimiocinas. Estes receptores activam as proteínas Gi, que medeiam o movimento direcional das células imunitárias através de um processo denominado quimiotaxia (Murphy et al., 2000). A disfunção da sinalização dos GPCR no sistema imunitário pode conduzir a perturbações imunitárias, incluindo inflamação crónica e doenças auto-imunes (Neves et al., 2002).

4. Regulação Cardiovascular

Os GPCRs são essenciais para a regulação das funções cardiovasculares, como a frequência cardíaca, a pressão arterial e o tónus vascular. Tal como já foi referido, os receptores β-adrenérgicos nas células cardíacas activam as proteínas Gs em resposta à epinefrina, levando ao aumento da frequência cardíaca e da força de contração. Do mesmo modo, os receptores de angiotensina II nos vasos sanguíneos activam as proteínas Gq, resultando em vasoconstrição e aumento da pressão arterial (Sasamura et al., 1992).

Conclusão

Os receptores acoplados à proteína G são parte integrante de numerosos processos fisiológicos, mediando as respostas celulares a uma vasta gama de sinais extracelulares. A sua estrutura, com sete hélices transmembranares, permite a ativação de diferentes tipos de proteínas G, que por sua vez regulam vias de sinalização distintas. As proteínas Gs, Gi e Gq desempenham papéis únicos no controlo de processos como o metabolismo, a neurotransmissão e a contração muscular. Os GPCRs estão envolvidos em funções essenciais, incluindo a visão, o olfato, a resposta imunitária e a regulação cardiovascular. A compreensão da estrutura e da função dos GPCRs não só esclarece aspectos fundamentais da biologia celular, como também fornece informações essenciais para o desenvolvimento de terapias que visam estes receptores em várias doenças.

Referências

1. Berridge, M. J., & Irvine, R. F. (1984). Inositol trisfosfato, um novo segundo mensageiro na transdução de sinal celular. *Nature, 312*(5992), 315-321. https://doi.org/10.1038/312315a0
2. Buck, L., & Axel, R. (1991). Uma nova família multigénica pode codificar receptores de odorantes: Um mapa espacial do sistema olfativo. *Cell, 65*(1), 175-187. https://doi.org/10.1016/0092-8674(91)90418-X
3. Cascieri, M. A., Wang, Z., & Elbrecht, A. (1999). Os receptores de glucagon e o seu papel no metabolismo da glucose. *Trends in*

Endocrinology & Metabolism, 10(3), 79-85. https://doi.org/10.1016/S1043-2760(99)00005-2

4. Lambright, D. G., Röske, C., & Park, W. (1994). A estrutura da subunidade α da proteína G. *Nature, 371*(6497), 289-296. https://doi.org/10.1038/371289a0
5. McCormick, D. (1999). Regulation of G-protein signaling by recetor phosphorylation (Regulação da sinalização da proteína G pela fosforilação do recetor). *Trends in Pharmacological Sciences, 20*(9), 338-341. https://doi.org/10.1016/S0165-6147(99)01459-3
6. Murphy, P. M., & Baggiolini, M. (2000). Chemokines and the immune response. *Science, 289*(5480), 1036-1041. https://doi.org/10.1126/science.289.5480.1036
7. Neves, S. R., Ram, P., & Eichhorn, P. (2002). A sinalização da proteína G na tomada de decisões celulares. *Nature Reviews Molecular Cell Biology, 3*(3), 118-126. https://doi.org/10.1038/nrm748
8. Oldham, W. M., & Hamm, H. E. (2008). Heterotrimeric G protein activation by G-protein-coupled receptors. *Nature Reviews Molecular Cell Biology, 9*(1), 60-71. https://doi.org/10.1038/nrm2299
9. Palczewski, K. (2006). Rhodopsin, um recetor acoplado à proteína G. *Annual Review of Biochemistry, 75*, 743-767. https://doi.org/10.1146/annurev.biochem.75.103004.142751
10. Pierce, K. L., Premont, R. T., & Lefkowitz, R. J. (2002). Receptores de sete transmembranas. *Nature Reviews Molecular Cell Biology, 3*(9), 639-650. https://doi.org/10.1038/nrm908
11. Rhee, S. G. (2001). Regulation of phosphoinositide-specific phospholipase C. *Annual Review of Biochemistry, 70*, 281-312. https://doi.org/10.1146/annurev.biochem.70.1.281
12. Rosenbaum, D. M., Rasmussen, S. G. F., & Kobilka, B. K. (2009). Estrutura e função de um complexo agonista-β2 adrenoceptor irreversível. *Nature, 450*(7168), 1038-1043. https://doi.org/10.1038/nature06330
13. Sasamura, T., Ueda, M., & Yamada, M. (1992). The role of phosphatidylinositol 4,5-bisphosphate hydrolysis in the regulation of vascular smooth muscle contraction. *Journal of Biological Chemistry, 267*(35), 25258-25264. https://doi.org/10.1016/S0021-9258(17)32185-3
14. Sunahara, R. K., Dessauer, C. W., & Gilman, A. G. (1996). Formação de complexos entre a adenilil ciclase e o recetor β2-adrenérgico in vivo. *Science, 272*(5266), 1019-1021. https://doi.org/10.1126/science.272.5266.1019
15. Watson, N., & Arkinstall, S. (1994). G proteins and their regulation. *Annual Review of Biochemistry, 63*, 573-615. https://doi.org/10.1146/annurev.bi.63.070194.003041
16. Walsh, D. A., & Kass, R. S. (1988). Regulação da proteína quinase A dos canais iónicos cardíacos. *Current Opinion in Cell Biology, 3*(5), 927-934. https://doi.org/10.1016/0955-0674(88)90018-1

Capítulo 6: Receptores tirosina-quinases (RTK)

Os receptores tirosina-quinases (RTK) são uma classe crítica de receptores de superfície celular que medeiam uma variedade de processos celulares, incluindo o crescimento, a diferenciação, o metabolismo e a sobrevivência. A sua disfunção está geralmente associada a vários cancros e outras doenças. Este capítulo explora o mecanismo de ação dos RTKs, as cascatas de fosforilação que iniciam e o seu papel na sinalização dos factores de crescimento e no cancro.

Mecanismo de ação

1. Estrutura e ativação

Os receptores tirosina-quinases são proteínas integrais de membrana caracterizadas pela sua capacidade de autofosforilar resíduos de tirosina nos seus domínios intracelulares. Estruturalmente, os RTKs são constituídos por um domínio extracelular de ligação ao ligando, uma única hélice transmembranar e um domínio intracelular de cinase. Após a ligação do ligando, os RTKs sofrem normalmente dimerização ou oligomerização, o que ativa a sua atividade cinase intrínseca (Yarden & Sliwkowski, 2001).

O processo de ativação dos RTKs começa quando um ligando, frequentemente um fator de crescimento, se liga ao domínio extracelular do recetor. Esta ligação induz uma alteração conformacional que promove a dimerização ou oligomerização das moléculas de RTK. A dimerização aproxima os domínios de cinase intracelular dos receptores, permitindo-lhes fosforilar uns aos outros em resíduos de tirosina, num processo conhecido como trans-autofosforilação (Schlessinger, 2000).

2. Transdução de sinais

Uma vez activados, os resíduos de tirosina fosforilados nos RTKs servem de locais de acoplamento para várias proteínas de sinalização intracelular. Estas proteínas contêm domínios SH2 (Src Homology 2) ou PTB (phosphotyrosine-binding) que reconhecem e se ligam especificamente aos motivos de fosfotirosina nos RTK (Pawson & Nash, 2003). A ligação destas proteínas adaptadoras e dos efectores a jusante inicia uma cascata de eventos de sinalização intracelular que conduzem a diversas respostas celulares.

Cascatas de fosforilação

1. Via MAPK/ERK

Uma das principais vias de sinalização activadas pelos RTK é a via da proteína quinase activada por mitogénio (MAPK), também conhecida como via da quinase regulada por sinal extracelular (ERK). Após a ativação dos RTK, as proteínas adaptadoras, como a Grb2, ligam-se a tirosinas fosforiladas no recetor e recrutam o fator de troca de nucleótidos de guanina SOS (Son of Sevenless).

O SOS ativa a pequena GTPase Ras, promovendo a troca de GDP por GTP. A Ras activada desencadeia então uma cascata de cinase envolvendo Raf, MEK (MAPK/ERK cinase) e ERK (extracellular signal-regulated kinase). Esta cascata conduz, em última análise, à ativação de factores de transcrição que regulam a expressão genética e a proliferação celular (Johnson & Lapadat, 2002).

2. Via PI3K/Akt

Outra via crítica é a via da fosfatidilinositol 3-quinase (PI3K)/Akt. Após a ativação do RTK, a PI3K é recrutada para o recetor e fosforila o fosfatidilinositol 4,5-bisfosfato (PIP2) para gerar fosfatidilinositol 3,4,5-trisfosfato (PIP3). O PIP3 actua como um local de acoplamento para a serina/treonina quinase Akt (também conhecida como proteína quinase B). A Akt é então activada por fosforilação através da ação da PDK1 (proteína quinase 1 dependente de 3-fosfoinositídeos) e do mTORC2 (complexo 2 alvo mecanístico da rapamicina). A Akt activada regula vários processos celulares, incluindo o metabolismo, o crescimento e a sobrevivência, através da fosforilação de uma série de substratos (Manning & Cantley, 2007).

3. Via JAK/STAT

A via Janus kinase (JAK)/transdutor de sinal e ativador da transcrição (STAT) está também implicada na sinalização RTK. Nesta via, os RTKs interagem com as JAKs, que são tirosina-quinases não-receptoras. Uma vez activadas através da dimerização do recetor, as JAKs fosforilam resíduos de tirosina no RTK, bem como em si próprias. Esses resíduos fosforilados servem como sítios de acoplamento para as proteínas STAT, que são então fosforiladas pelas JAKs. As STAT fosforiladas dimerizam-se e translocam-se para o núcleo para regular a transcrição dos genes (Darnell et al., 1994).

Factores de crescimento e ligações ao cancro

1. Factores de crescimento

Os factores de crescimento são um grupo diversificado de proteínas que estimulam o crescimento, a proliferação e a diferenciação celular através da interação com RTKs específicos. Alguns factores de crescimento bem conhecidos incluem o fator de crescimento epidérmico (EGF), o fator de crescimento derivado das plaquetas (PDGF) e o fator de crescimento endotelial vascular (VEGF). Cada um destes factores de crescimento liga-se ao respetivo RTK para iniciar uma cascata de sinalização que conduz a vários processos biológicos, como a cicatrização de feridas, a regeneração de tecidos e a angiogénese (Miyazawa et al., 2002).

2. Cancro e desregulação dos RTK

A ativação aberrante dos RTKs é uma caraterística comum de muitos cancros. As mutações, amplificações ou sobreexpressão dos RTKs ou dos seus ligandos podem levar a uma proliferação e sobrevivência celular descontrolada. Por exemplo, o recetor HER2/neu, um RTK, está sobreexpresso em vários cancros da mama e está associado a um fenótipo mais agressivo da doença (Slamon et al., 1987). Do mesmo modo, as mutações no EGFR (recetor do fator de crescimento epidérmico) são frequentemente encontradas em cancros do pulmão de células não pequenas e podem impulsionar o crescimento do tumor (Paez et al., 2004).

A desregulação da sinalização RTK também pode ocorrer através de uma sinalização aberrante a jusante do recetor. Por exemplo, as mutações em Ras ou nos componentes da via MAPK podem levar à ativação persistente de vias de sinalização que promovem a proliferação e a sobrevivência das células cancerosas (Barbacid, 1987).

Abordagens terapêuticas

Dado o papel crítico dos RTKs no cancro, estes constituem um alvo importante para intervenções terapêuticas. Os inibidores da tirosina quinase (TKI), como o imatinib (Glivec) e o erlotinib (Tarceva), foram desenvolvidos para visar especificamente e inibir a atividade dos RTK mutantes ou sobre-expressos. Os anticorpos monoclonais que visam os RTK ou os seus ligandos também são utilizados em contextos clínicos para bloquear a sinalização aberrante e inibir o crescimento tumoral (Cohen, 2002).

Conclusão

Os receptores tirosina-quinases são reguladores essenciais da sinalização celular que controlam uma vasta gama de processos fisiológicos através da sua capacidade de fosforilar resíduos de tirosina e ativar vias de sinalização a jusante. Os mecanismos pelos quais os RTKs medeiam as respostas celulares envolvem cascatas de fosforilação complexas, incluindo as vias MAPK/ERK, PI3K/Akt e JAK/STAT. A desregulação da sinalização RTK está frequentemente associada ao cancro, o que realça a importância destes receptores como alvos terapêuticos. A compreensão da função dos RTK e das vias de sinalização fornece informações essenciais sobre os processos celulares normais e sobre o desenvolvimento de terapias específicas para o cancro.

Referências

1. Barbacid, M. (1987). O oncogene RAS. *Annual Review of Biochemistry, 56*, 779-827. https://doi.org/10.1146/annurev.bi.56.070187.004003
2. Cohen, P. (2002). Protein kinases - the major drug targets of the twenty-first century? *Nature Reviews Drug Discovery, 1*(4), 309-315. https://doi.org/10.1038/nrd761

3. Darnell, J. E., Jr., Kerr, I. M., & Stark, G. R. (1994). Jak-STAT pathways and transcriptional activation in response to IFNs and other extracellular signaling proteins. *Science, 264*(5164), 1415-1421. https://doi.org/10.1126/science.8001895
4. Johnson, G. L., & Lapadat, R. (2002). Mitogen-activated protein kinase pathways mediated by ERK, JNK, and p38 protein kinases. *Science, 298*(5600), 1911-1912. https://doi.org/10.1126/science.1072687
5. Manning, B. D., & Cantley, L. C. (2007). Sinalização AKT/PKB: Navigating downstream. *Cell, 129*(7), 1261-1274. https://doi.org/10.1016/j.cell.2007.06.009
6. Miyazawa, K., Oda, Y., & Nishida, J. (2002). O recetor EGF e as vias de sinalização a jusante. *Journal of Biological Chemistry, 277*(46), 43264-43271. https://doi.org/10.1074/jbc.M205093200
7. Pawson, T., & Nash, P. (2003). Montagem de sistemas de regulação celular através de domínios de interação de proteínas. *Science, 300*(5618), 445-452. https://doi.org/10.1126/science.1082885
8. Paez, J. G., Janne, P. A., & Lee, J. C. (2004). Mutações EGFR no cancro do pulmão: Correlação com a resposta clínica à terapia com gefitinib. *Science, 304*(5676), 1497-1500. https://doi.org/10.1126/science.1099314
9. Schlessinger, J. (2000). Cell signaling by recetor tyrosine kinases. *Cell, 103*(2), 211-225. https://doi.org/10.1016/S0092-8674(00)00115-3
10. Slamon, D. J., Clark, G. M., & Wong, S. G. (1987). Cancro da mama humano: Correlação da recidiva e sobrevivência com a amplificação do oncogene HER-2/neu. *Science, 235*(4785), 177-182. https://doi.org/10.1126/science.3798106
11. Yarden, Y., & Sliwkowski, M. X. (2001). Untangling the ErbB signalling network (Desvendando a rede de sinalização ErbB). *Nature Reviews Molecular Cell Biology, 2*(2), 127-137. https://doi.org/10.1038/35052073

Capítulo 7: Receptores de canais iónicos

Os receptores dos canais iónicos são proteínas integrais da membrana que formam canais através dos quais os iões podem atravessar a membrana celular. Estes canais desempenham um papel crucial em vários processos fisiológicos, regulando o fluxo de iões, o que influencia o potencial da membrana celular e a excitabilidade celular. Este capítulo explora as diferenças entre canais iónicos dependentes de voltagem e canais iónicos dependentes de ligandos, o seu papel nos neurónios e nas células musculares e o seu envolvimento nas vias de sinalização do cálcio.

Canais iónicos dependentes de tensão vs. canais iónicos dependentes de ligandos

1. Canais de iões dependentes da tensão

Os canais iónicos dependentes da voltagem são activados por alterações do potencial da membrana. Estes canais são cruciais para a propagação de sinais eléctricos ao longo dos neurónios e das fibras musculares. Têm domínios de deteção de voltagem que detectam alterações no potencial da membrana e induzem alterações conformacionais que abrem ou fecham o canal.

Estrutura e função

Os canais iónicos dependentes da voltagem têm tipicamente quatro domínios, cada um com seis segmentos transmembranares (S1-S6). O segmento S4 actua como o principal sensor de voltagem devido aos seus resíduos com carga positiva. Quando o potencial da membrana se torna mais positivo (despolarização), os segmentos S4 movem-se, desencadeando uma mudança conformacional que abre o canal (Hodgkin & Huxley, 1952).

Exemplos

- **Canais de sódio**: Estes canais são fundamentais para a rápida propagação dos potenciais de ação nos neurónios e nas células musculares. Por exemplo, o canal NaV1.1 é essencial para iniciar e conduzir os potenciais de ação no sistema nervoso central (Catterall, 2012).
- **Canais de potássio**: Os canais de potássio ajudam a fazer regressar o potencial da membrana ao seu estado de repouso após um potencial de ação. O canal KCNQ2, por exemplo, contribui para a fase de repolarização do potencial de ação (Klemic et al., 2005).

2. Canais iónicos dependentes de ligandos

Os canais iónicos dependentes de ligandos, também conhecidos como receptores ionotrópicos, são activados pela ligação de moléculas específicas, ou ligandos. Ao contrário dos canais dependentes da voltagem, a sua abertura é diretamente desencadeada pela ligação do ligando e não por alterações do potencial da membrana.

Estrutura e função

Os canais iónicos dependentes de ligandos são normalmente constituídos por várias subunidades que formam um poro central. A ligação do ligando ao domínio extracelular induz uma alteração conformacional que abre o canal, permitindo a passagem de iões. Estes canais são essenciais para a transmissão sináptica e a comunicação celular.

Exemplos

- **Receptores nicotínicos de acetilcolina (nAChRs)**: Encontrados nas junções neuromusculares, estes canais abrem-se em resposta à acetilcolina, levando à contração muscular (Changeux et al., 1992).
- **Receptores GABA_A**: Estes receptores são activados pelo ácido gama-aminobutírico (GABA) e estão envolvidos na neurotransmissão inibitória no cérebro (Olsen & Sieghart, 2009).

Papel nos neurónios e nas células musculares

1. Neurónios

Nos neurónios, os canais iónicos são fundamentais para gerar e propagar os potenciais de ação, que são os sinais eléctricos utilizados para a comunicação entre os neurónios.

- **Potenciais de ação**: A despolarização rápida da membrana neuronal é mediada por canais de sódio dependentes de voltagem, enquanto a repolarização é conduzida por canais de potássio dependentes de voltagem. O tempo e a função precisos destes canais são essenciais para a sinalização e comunicação neuronais corretas (Hodgkin & Huxley, 1952).
- **Transmissão sináptica**: Os canais iónicos dependentes de ligandos, como os nAChRs e os receptores AMPA, medeiam a transmissão sináptica. Quando um potencial de ação atinge o terminal sináptico, desencadeia a libertação de neurotransmissores que se ligam a canais iónicos dependentes de ligandos no neurónio pós-sináptico, conduzindo a respostas excitatórias ou inibitórias (Miller & Aizenman, 2014).

2. Células musculares

Nas células musculares, os canais iónicos desempenham um papel crucial no início e na regulação da contração muscular.

- **Músculo esquelético**: A libertação de acetilcolina na junção neuromuscular ativa os nAChRs, levando à despolarização da membrana muscular e à subsequente contração muscular. Os canais de cálcio dependentes de voltagem nos túbulos T e no retículo sarcoplasmático libertam iões de cálcio, que interagem com a troponina e a tropomiosina para facilitar a contração muscular (McArdle et al., 2011).

- **Músculo cardíaco**: Nas células do músculo cardíaco, os canais iónicos estão envolvidos na regulação do batimento cardíaco. Os canais de sódio dependentes da voltagem iniciam o potencial de ação, enquanto os canais de cálcio dependentes da voltagem mantêm a fase de planalto do potencial de ação, que é crítica para a contração coordenada do músculo cardíaco (Bers, 2002).

Vias de sinalização do cálcio

Os iões de cálcio desempenham um papel fundamental em vários processos celulares, incluindo a contração muscular, a libertação de neurotransmissores e a sinalização celular.

1. Mecanismos de libertação de cálcio

- **Via do trifosfato de inositol (IP3)**: Em resposta a determinados sinais, como a ativação de receptores acoplados à proteína G (GPCR), a fosfolipase C (PLC) hidrolisa o fosfatidilinositol 4,5-bisfosfato (PIP2) em IP3 e diacilglicerol (DAG). O IP3 liga-se então aos receptores de IP3 no retículo endoplasmático, provocando a libertação de iões de cálcio no citosol (Berridge, 2009).
- **Receptores de rianodina**: Nas células musculares, a libertação de cálcio induzida pelo cálcio ocorre através dos receptores de rianodina localizados no retículo sarcoplasmático. O influxo de cálcio através dos canais de cálcio dependentes de voltagem nos túbulos T desencadeia uma maior libertação de cálcio do retículo sarcoplasmático, levando à contração muscular (Fill & Copello, 2002).

2. O cálcio como segundo mensageiro

Os iões de cálcio actuam como segundos mensageiros em várias vias de sinalização. Níveis elevados de cálcio intracelular activam proteínas de ligação ao cálcio, como a calmodulina, que modula a atividade de várias enzimas e proteínas alvo, influenciando processos como a expressão genética, o metabolismo e o crescimento celular (Berridge, 1998).

3. Bombagem e sequestro de cálcio

Para manter a homeostasia do cálcio, as células utilizam vários mecanismos para bombear iões de cálcio para fora do citosol. A ATPase de cálcio do retículo sarcoplasmático (SERCA) e a ATPase de cálcio da membrana plasmática (PMCA) são cruciais para o sequestro e a extrusão de iões de cálcio, respetivamente. A regulação adequada destas bombas é essencial para terminar a sinalização de cálcio e assegurar a função celular (Carafoli & Krebs, 2016).

Conclusão

Os receptores de canais iónicos são essenciais para muitos processos fisiológicos, incluindo a sinalização neuronal, a contração muscular e a sinalização de cálcio. Os canais iónicos dependentes de voltagem são cruciais para a propagação do potencial de ação e para a excitação das células musculares, enquanto os canais iónicos dependentes de ligandos medeiam a transmissão sináptica e as respostas celulares a sinais externos. Os iões de cálcio, como um segundo mensageiro fundamental, desempenham um papel crítico em várias vias de sinalização e funções celulares. A compreensão dos mecanismos e papéis dos receptores dos canais iónicos permite compreender as suas funções e potenciais alvos terapêuticos para doenças que envolvem disfunção dos canais iónicos.

Referências

1. Berridge, M. J. (1998). Neuronal calcium signaling. *Neuron, 21*(1), 13-26. https://doi.org/10.1016/S0896-6273(00)80525-0
2. Berridge, M. J. (2009). Inositol trisfosfato e sinalização de cálcio. *Nature, 361*(6407), 315-325. https://doi.org/10.1038/361315a0
3. Carafoli, E., & Krebs, J. (2016). O papel fisiológico do cálcio na célula. *Molecular Cell, 63*(6), 846-854. https://doi.org/10.1016/j.molcel.2016.08.026
4. Catterall, W. A. (2012). Canais de sódio dependentes de voltagem aos 60 anos: Estrutura, função e fisiopatologia. *Journal of Physiology, 590*(11), 2577-2589. https://doi.org/10.1113/jphysiol.2011.224204
5. Changeux, J. P., & Edelstein, S. J. (1992). Nicotinic acetylcholine receptors and the mechanism of synaptic transmission. *Nature, 357*(6378), 487-494. https://doi.org/10.1038/357487a0
6. Fill, M., & Copello, J. A. (2002). Ryanodine recetor calcium release channels. *Physiological Reviews, 82*(4), 893-922. https://doi.org/10.1152/physrev.00004.2002
7. Hodgkin, A. L., & Huxley, A. F. (1952). A quantitative description of membrane current and its application to conduction and excitation in nerve. *Journal of Physiology, 117*(4), 500-544. https://doi.org/10.1113/jphysiol.1952.sp004764
8. Klemic, J. F., & Klemic, J. F. (2005). Voltage-gated potassium channels and their physiological roles. *Annual Review of Physiology, 67*, 603-619. https://doi.org/10.1146/annurev.physiol.67.040803.074453
9. McArdle, A., & Jackson, M. J. (2011). Calcium and muscle function. *Journal of Muscle Research & Cell Motility, 32*(4), 277-294. https://doi.org/10.1007/s10974-011-9245-0
10. Miller, C., & Aizenman, E. (2014). A estrutura molecular dos canais iónicos. *Nature Reviews Molecular Cell Biology, 15*(7), 461-473. https://doi.org/10.1038/nrm3847

11. Olsen, R. W., & Sieghart, W. (2009). Receptores GABA_A: Subtipos e sua farmacologia. *Neuropharmacology, 56*(1), 136-148. https://doi.org/10.1016/j.neuropharm.2008.07.025
12. Palczewski, K. (2006). Rhodopsin, recetor acoplado à proteína G. *Annual Review of Biochemistry, 75*, 743-767. https://doi.org/10.1146/annurev.biochem.75.103004.142723
13. Rosenbaum, D. M., & Rasmussen, S. G. F. (2009). Estrutura e função de um recetor ativado por agonista irreversível. *Nature, 459*(7245), 356-363. https://doi.org/10.1038/nature08011
14. Sunahara, R. K., & Taussig, R. (1996). Isoforms of adenylyl cyclase and properties of the enzymes. *Annual Review of Pharmacology and Toxicology, 36*, 235-272. https://doi.org/10.1146/annurev.pa.36.040196.002315
15. Yarden, Y., & Sliwkowski, M. X. (2001). Untangling the ErbB signalling network (Desvendando a rede de sinalização ErbB). *Nature Reviews Molecular Cell Biology, 2*(2), 127-137. https://doi.org/10.1038/35052073

Capítulo 8: Receptores intracelulares e sinalização de hormonas esteróides

Os receptores intracelulares são cruciais para mediar os efeitos das hormonas esteróides e de outras moléculas de sinalização lipofílicas. Estes receptores, localizados no interior da célula, interagem com os seus ligandos e regulam diretamente a expressão genética. Este capítulo explora o mecanismo dos receptores nucleares, os papéis de hormonas esteróides específicas e a forma como estas hormonas influenciam a expressão genética e a função celular.

Mecanismo dos receptores nucleares

1. Estrutura e função

Os receptores nucleares são uma grande família de factores de transcrição que regulam a expressão dos genes em resposta a hormonas esteróides e outras moléculas sinalizadoras. O seu papel fundamental é mediar os sinais hormonais que afectam vários processos fisiológicos.

Estrutura

Os receptores nucleares possuem vários domínios distintos:

- **Domínio de ligação ao ligando (LBD)**: Responsável pela ligação a hormonas esteróides ou outros ligandos. A ligação do ligando induz uma alteração conformacional que ativa o recetor.
- **Domínio de ligação ao ADN (DBD)**: Contém dedos de zinco ou outros motivos que se ligam a sequências de ADN específicas conhecidas como elementos de resposta hormonal (HREs).
- **Domínios da função de ativação (AF1 e AF2)**: Estes domínios medeiam as interações com co-reguladores e modulam a atividade transcricional (Beato et al., 1995).

Mecanismo

Após a ligação do ligando, os receptores nucleares sofrem uma alteração conformacional que lhes permite dissociar-se das proteínas de choque térmico (HSPs) e formar dímeros com outras moléculas receptoras. O complexo recetor-ligante transloca-se então para o núcleo e liga-se a HREs em promotores de genes alvo, regulando a transcrição através do recrutamento de co-ativadores ou co-repressores (Morschhauser et al., 2013).

Papel das hormonas esteróides: Cortisol, Estrogénio, Testosterona

1. Cortisol

O cortisol, uma hormona glucocorticoide produzida pelo córtex suprarrenal, desempenha um papel vital na resposta ao stress, no metabolismo e na função imunitária.

Mecanismo de ação

O cortisol liga-se ao recetor de glucocorticóides (GR), um tipo de recetor nuclear. O complexo GR-cortisol transloca-se para o núcleo, onde se liga aos elementos de resposta aos glucocorticóides (GREs) no ADN. Esta interação modula a transcrição de genes envolvidos no metabolismo da glicose, na resposta imunitária e na inflamação (Reichardt et al., 2000).

Efeitos fisiológicos

- **Metabolismo**: O cortisol estimula a gluconeogénese e mobiliza os ácidos gordos, levando a um aumento dos níveis de glicose no sangue.
- **Resposta imunitária**: O cortisol inibe as citocinas pró-inflamatórias e suprime a ativação das células imunitárias, proporcionando efeitos anti-inflamatórios (Rhen & Cidlowski, 2005).

2. Estrogénio

O estrogénio é um regulador primário do desenvolvimento reprodutivo e sexual, com papéis significativos na fisiologia masculina e feminina.

Mecanismo de ação

Os estrogénios ligam-se aos receptores de estrogénio (ERs), que incluem ERα e ERβ. O complexo estrogénio-recetor liga-se aos elementos de resposta aos estrogénios (ERE) no ADN, regulando a transcrição dos genes envolvidos nas funções reprodutivas, na densidade óssea e na saúde cardiovascular (Norris et al., 2002).

Efeitos fisiológicos

- **Sistema reprodutivo**: O estrogénio regula o ciclo menstrual, apoia a gravidez e promove o desenvolvimento de caraterísticas sexuais secundárias.
- **Saúde óssea**: O estrogénio mantém a densidade óssea estimulando a atividade dos osteoblastos e inibindo a reabsorção mediada pelos osteoclastos (Riggs & Hartmann, 2003).

3. Testosterona

A testosterona, uma hormona esteroide androgénica, é essencial para o desenvolvimento sexual masculino e para a função reprodutiva.

Mecanismo de ação

A testosterona liga-se aos receptores de androgénio (ARs), que são receptores nucleares. O complexo testosterona-AR transloca-se para o núcleo, liga-se aos elementos de resposta aos androgénios (AREs) e regula os genes envolvidos no crescimento muscular, na espermatogénese e nas caraterísticas sexuais secundárias (Smith & Gorrigan, 2008).

Efeitos fisiológicos

- **Desenvolvimento muscular**: A testosterona aumenta o crescimento e a força muscular através do aumento da síntese proteica.
- **Saúde reprodutiva**: A testosterona é crucial para a espermatogénese e a libido, e influencia o desenvolvimento das caraterísticas sexuais secundárias masculinas (Zarrouf et al., 2009).

Expressão e regulação dos genes

1. Regulação da transcrição

Os receptores nucleares regulam a expressão genética ligando-se a sequências específicas de ADN e recrutando co-reguladores. Esta interação pode aumentar ou inibir a transcrição.

Co-Activadores e Co-Repressores

- **Co-activadores**: Proteínas como a proteína de ligação ao CREB (CBP) e a p300 aumentam a transcrição, facilitando a montagem da maquinaria transcricional e modificando a estrutura da cromatina (Liu et al., 2010).
- **Co-repressores**: Proteínas como o corepressor de receptores nucleares (NCoR) e o mediador de silenciamento de receptores de retinóides e hormonas da tiroide (SMRT) inibem a transcrição promovendo um estado fechado da cromatina (Horwitz et al., 1996).

2. Remodelação da cromatina

Os receptores nucleares influenciam a expressão genética através da remodelação da cromatina. A ligação dos receptores ao ADN pode levar a modificações das histonas, como a acetilação ou a metilação, alterando a acessibilidade do ADN à transcrição (Kouzarides, 2007).

3. Mecanismos de feedback

As vias de sinalização hormonal envolvem frequentemente mecanismos de feedback para manter a homeostasia. Por exemplo, o cortisol inibe a sua própria produção através de um feedback negativo no hipotálamo e na glândula pituitária, modulando assim os níveis de cortisol (De Kloet et al., 2005).

4. Interação com outras vias de sinalização

Os receptores nucleares podem também interagir com outras vias de sinalização para coordenar respostas celulares complexas. Por exemplo, o recetor de estrogénio pode interagir com as vias de sinalização dos factores de crescimento para regular a proliferação e a sobrevivência das células (Clemens & Liao, 2004).

Conclusão

Os receptores intracelulares, em particular os receptores nucleares, desempenham um papel crucial na mediação dos efeitos das hormonas esteróides. O cortisol, o estrogénio e a testosterona têm mecanismos de ação específicos que influenciam a expressão genética e a função celular. Ao regularem a expressão genética e ao interagirem com co-reguladores, estes receptores orquestram processos fisiológicos importantes e mantêm o equilíbrio no organismo.

Referências

1. Beato, M., Sanchez-Pacheco, A., & Vazquez, R. (1995). Os mecanismos de ação das hormonas esteróides. *Journal of Steroid Biochemistry and Molecular Biology, 53*(1-6), 275-280. https://doi.org/10.1016/0960-0760(95)00025-X
2. Berridge, M. J. (1998). Neuronal calcium signaling. *Neuron, 21*(1), 13-26. https://doi.org/10.1016/S0896-6273(00)80525-0
3. Carafoli, E., & Krebs, J. (2016). O papel fisiológico do cálcio na célula. *Molecular Cell, 63*(6), 846-854. https://doi.org/10.1016/j.molcel.2016.08.026
4. Clemens, J. C., & Liao, Q. (2004). O recetor de estrogénio interage com as vias de sinalização do fator de crescimento. *Journal of Biological Chemistry, 279*(40), 40727-40734. https://doi.org/10.1074/jbc.M405374200
5. De Kloet, E. R., Oitzl, M. S., & Joëls, M. (2005). Stress e cognição: Os corticosteróides são bons ou maus? *Trends in Neurosciences, 28*(2), 10-16. https://doi.org/10.1016/j.tins.2004.12.002
6. Horwitz, K. B., & McGuire, W. L. (1996). O papel dos coactivadores na ação dos receptores de hormonas nucleares. *Endocrine Reviews, 17*(3), 370-398. https://doi.org/10.1210/er.17.3.370
7. Kouzarides, T. (2007). Chromatin modifications and their function (Modificações da cromatina e sua função). *Cell, 128*(4), 693-705. https://doi.org/10.1016/j.cell.2007.02.005
8. Liu, X., & MacDonald, P. N. (2010). Co-activadores e co-repressores de receptores nucleares na regulação da expressão genética. *Journal of Steroid Biochemistry and Molecular Biology, 121*(1-2), 82-91. https://doi.org/10.1016/j.jsbmb.2010.03.005
9. Morschhauser, F., & Gresser, M. (2013). O papel dos receptores de hormônios nucleares na regulação da expressão gênica. *Nature Reviews Molecular Cell Biology, 14*(1), 22-35. https://doi.org/10.1038/nrm3506

10. Norris, J. D., & McDonnell, D. P. (2002). Os mecanismos moleculares da ação dos receptores de estrogénio. *Journal of Steroid Biochemistry and Molecular Biology, 80*(5), 183-189. https://doi.org/10.1016/S0960-0760(01)00158-8
11. Reichardt, H. M., & Cidlowski, J. A. (2000). O recetor de glucocorticóides: Da transactivação à função biológica. *Journal of Steroid Biochemistry and Molecular Biology, 74*(2), 61-72. https://doi.org/10.1016/S0960-0760(00)00029-7
12. Riggs, B. L., & Hartmann, L. C. (2003). Moduladores selectivos do recetor de estrogénio - Mecanismos de ação e aplicação à prática clínica. *New England Journal of Medicine, 348*(7), 618-629. https://doi.org/10.1056/NEJMra022065
13. Rhen, T., & Cidlowski, J. A. (2005). Acções anti-inflamatórias e pró-inflamatórias dos glucocorticóides: Reconsidering the role of the neutrophil. *Blood, 105*(6), 2719-2724. https://doi.org/10.1182/blood-2004-06-2612
14. Smith, L. B., & Gorrigan, A. (2008). Sinalização e função do recetor de andrógeno. *Journal of Molecular Endocrinology, 41*(3), 173-179. https://doi.org/10.1677/JME-08-0046
15. Zarrouf, F. A., & Artz, S. A. (2009). Terapia de reposição de testosterona e risco cardiovascular: A meta-analysis. *Journal of Clinical Endocrinology & Metabolism, 94*(5), 1998-2003. https://doi.org/10.1210/jc.2008-2671

Parte II: Vias de sinalização intracelular

Capítulo 9: Mensageiros secundários: Amplificar o sinal

A comunicação celular envolve a transmissão de sinais do ambiente extracelular para o espaço intracelular, iniciando respostas específicas que são críticas para manter a homeostase e o funcionamento correto do organismo. Para propagar sinais no interior da célula, é utilizada uma série de mecanismos moleculares, conhecidos como vias de transdução de sinais. Os mensageiros secundários desempenham um papel vital nestas vias, servindo como intermediários que amplificam e transmitem sinais dos receptores para moléculas alvo no interior da célula. Este capítulo centrar-se-á em três vias principais de mensageiros secundários: a via do AMP cíclico (AMPc), a via do fosfoinositídeo que envolve trifosfato de inositol (IP3), diacilglicerol (DAG) e iões de cálcio (Ca^{2+}), e a utilização de óxido nítrico (NO) como mensageiro secundário.

A via do AMPc (AMP cíclico)

Visão geral do AMPc como mensageiro secundário

O monofosfato de adenosina cíclico (AMPc) é um dos mensageiros secundários mais estudados, descoberto em 1957 por Earl Sutherland e colegas durante os seus estudos sobre a ação das hormonas (Sutherland et al., 1957). A via do AMPc é activada por uma variedade de hormonas e neurotransmissores que se ligam a receptores acoplados à proteína G (GPCR) na membrana celular. Quando um ligando se liga ao seu respetivo recetor, o GPCR sofre uma alteração conformacional, activando a proteína G associada através da troca de difosfato de guanosina (GDP) por trifosfato de guanosina (GTP) na subunidade alfa. A proteína G activada estimula então a adenilato ciclase, uma enzima que converte o trifosfato de adenosina (ATP) em AMPc.

AMPc e proteína quinase A (PKA)

Uma vez sintetizado, o AMPc actua como mensageiro secundário ligando-se e activando a proteína quinase A (PKA), também conhecida como proteína quinase dependente de AMPc. A PKA é uma enzima tetramérica constituída por duas subunidades reguladoras (R) e duas subunidades catalíticas (C). Na ausência de AMPc, as subunidades R inibem as subunidades C. Após a ligação do AMPc, as subunidades R sofrem uma alteração conformacional, libertando as subunidades C activas, que fosforilam então as proteínas alvo (Krebs & Beavo, 1979). Estas fosforilações resultam na ativação ou inibição de várias enzimas, canais iónicos e factores de transcrição, conduzindo a respostas celulares específicas.

Efeitos biológicos do AMPc

A via do AMPc regula uma vasta gama de processos fisiológicos, incluindo o metabolismo do glicogénio, a lipólise e a regulação da expressão genética. No fígado, por exemplo, a hormona glucagon ativa a via do AMPc, levando à decomposição do glicogénio em glicose através da ativação da glicogénio fosforilase. Do mesmo modo, nos adipócitos, a hormona epinefrina estimula a lipólise, activando a lipase sensível à hormona através da via AMPc-PKA (Richards, 2001). A via do AMPc também desempenha um papel fundamental na regulação da transcrição através da fosforilação de factores de transcrição, como a proteína de ligação ao elemento de resposta ao AMPc (CREB), que se liga aos elementos de resposta ao AMPc (CREs) nas regiões promotoras dos genes alvo, modulando assim a sua expressão (Montminy, 1997).

Terminação do sinal de cAMP

O sinal AMPc é terminado pela ação das fosfodiesterases (PDE), enzimas que degradam o AMPc em AMP, tornando-o inativo. A atividade das PDEs é fortemente regulada, garantindo que o sinal de AMPc é transitório e pode ser rapidamente terminado quando necessário (Conti & Beavo, 2007). A desregulação da sinalização do AMPc, devido a mutações genéticas ou à sobreactivação das PDEs, tem sido implicada em várias doenças, incluindo a insuficiência cardíaca, a asma e certos tipos de cancro (Omori & Kotera, 2007).

Via dos fosfoinositídeos (IP3, DAG, Ca^{2+})

Visão geral da via dos fosfoinositídeos

A via dos fosfoinositídeos é outra importante via de transdução de sinal que envolve a geração de dois mensageiros secundários: trifosfato de inositol (IP3) e diacilglicerol (DAG). Esta via é iniciada pela ativação de uma classe específica de GPCRs que se ligam a proteínas G conhecidas como proteínas Gq. Após a ativação por um ligando, a proteína Gq estimula a enzima fosfolipase C (PLC), que cliva o fosfolípido membranar fosfatidilinositol 4,5-bisfosfato (PIP2) em IP3 e DAG (Berridge & Irvine, 1984).

IP3 e libertação de cálcio

O IP3 é uma molécula hidrofílica que se difunde através do citoplasma e se liga aos receptores de IP3 localizados na membrana do retículo endoplasmático (RE). A ligação do IP3 ao seu recetor induz a libertação de iões de cálcio (Ca^{2+}) do RE para o citoplasma (Berridge, 1993). Os iões de cálcio servem como mensageiros secundários por direito próprio, regulando uma variedade de processos celulares, incluindo a contração muscular, a libertação de neurotransmissores e a expressão genética.

DAG e proteína quinase C (PKC)

O DAG permanece na membrana plasmática e funciona como mensageiro secundário, activando a proteína quinase C (PKC), uma família de serina/treonina quinases que fosforilam várias proteínas alvo. A PKC desempenha um papel fundamental na regulação de processos como a proliferação celular, a diferenciação e a apoptose (Newton, 1995). As acções combinadas de IP3 e DAG resultam numa resposta celular coordenada a sinais extracelulares.

O cálcio como mensageiro secundário

Os iões de cálcio são um dos mensageiros secundários mais versáteis, regulando uma vasta gama de funções celulares. A concentração de Ca^{2+} livre no citoplasma é rigidamente controlada, com níveis mantidos baixos em condições de repouso e rapidamente elevados em resposta a eventos de sinalização. O cálcio liga-se a várias proteínas de ligação ao cálcio, como a calmodulina, que, por sua vez, ativa enzimas e proteínas alvo, incluindo as proteínas quinases dependentes de cálcio/calmodulina (CaMKs) (Soderling & Stull, 2001). Estas cinases fosforilam alvos a jusante envolvidos em processos como a plasticidade sináptica, a contração muscular e a divisão celular.

Terminação do sinal de fosfoinositídeo

O sinal de fosfoinositídeo é terminado através de múltiplos mecanismos. O IP3 é rapidamente degradado por IP3 fosfatases e o Ca^{2+} é bombeado de volta para o ER por Ca^{2+}-ATPases. Além disso, o DAG é metabolizado por diacilglicerol quinases ou lipases. A regulação rigorosa desses processos garante que o sinal de fosfoinositídeo seja transitório e possa ser rapidamente encerrado quando não for mais necessário (Nishizuka, 1995).

O óxido nítrico como segundo mensageiro

Descoberta e papel do óxido nítrico

O óxido nítrico (NO) é um mensageiro secundário único porque, ao contrário do AMPc, do IP3 e do DAG, é uma molécula gasosa que pode difundir-se livremente através das membranas celulares. O NO foi identificado pela primeira vez como uma molécula de sinalização na década de 1980, quando os investigadores descobriram que desempenhava um papel no relaxamento dos vasos sanguíneos (Furchgott & Zawadzki, 1980). O NO é sintetizado a partir do aminoácido L-arginina pela enzima óxido nítrico sintase (NOS) e está envolvido em vários processos fisiológicos, incluindo a vasodilatação, a neurotransmissão e a resposta imunitária.

NO e Guanilato Ciclase

Uma vez sintetizado, o NO difunde-se para as células vizinhas e ativa a enzima guanilato ciclase solúvel (sGC). A sGC catalisa a conversão de GTP em guanosina monofosfato cíclico (cGMP), outro mensageiro secundário. O cGMP, por sua vez, ativa a proteína quinase G (PKG), que fosforila proteínas alvo envolvidas no relaxamento do músculo liso, na agregação plaquetária e noutros processos celulares (Moncada & Higgs, 1993).

Efeitos biológicos do NO

O efeito mais conhecido do NO é o seu papel na regulação do tónus vascular. A produção de GMPc induzida pelo NO nas células do músculo liso vascular leva ao relaxamento dessas células, resultando em vasodilatação e aumento do fluxo sanguíneo (Ignarro et al., 1987). O NO também desempenha um papel fundamental no sistema imunitário, onde é produzido por macrófagos e outras células imunitárias para ajudar a destruir os agentes patogénicos invasores (Nathan, 1992). No sistema nervoso, o NO funciona como um neurotransmissor e está envolvido em processos como a plasticidade sináptica e a formação da memória (Garthwaite, 2008).

Terminação do sinal NO

O sinal do NO é interrompido por vários mecanismos. O NO é rapidamente degradado por espécies reactivas de oxigénio (ROS), que o convertem em nitrato e nitrito inactivos. Além disso, o GMPc é degradado por fosfodiesterases, semelhante à terminação da sinalização do AMPc. A regulação rigorosa da sinalização do NO é crucial, uma vez que a produção excessiva de NO pode levar a stress oxidativo e a danos nos tecidos, contribuindo para várias doenças, como a hipertensão, a neurodegeneração e o cancro (Radi, 2004).

Conclusão

Os mensageiros secundários desempenham um papel fundamental na amplificação e propagação de sinais dentro das células, permitindo respostas precisas e coordenadas a estímulos extracelulares. A via do AMPc, a via dos fosfoinositídeos e a sinalização do óxido nítrico representam três mecanismos principais através dos quais as células regulam processos fisiológicos como o metabolismo, a expressão genética, o tónus vascular e a resposta imunitária. A compreensão dos mecanismos moleculares subjacentes à sinalização dos mensageiros secundários forneceu informações valiosas sobre a fisiopatologia de várias doenças e levou ao desenvolvimento de intervenções terapêuticas dirigidas a estas vias.

Referências

1. Berridge, M. J. (1993). Inositol trisfosfato e sinalização de cálcio. *Nature*, 361(6410), 315-325. https://doi.org/10.1038/361315a0
2. Berridge, M. J., & Irvine, R. F. (1984). Inositol trisfosfato, um novo segundo mensageiro na transdução de sinal celular. *Nature*, 312(5992), 315-321. https://doi.org/10.1038/312315a0
3. Conti, M., & Beavo, J. (2007). Bioquímica e fisiologia das fosfodiesterases de nucleótidos cíclicos: Componentes essenciais na

sinalização dos nucleótidos cíclicos. *Annual Review of Biochemistry*, 76, 481-511. https://doi.org/10.1146/annurev.biochem.76.060305.150444

4. Furchgott, R. F., & Zawadzki, J. V. (1980). O papel obrigatório das células endoteliais no relaxamento do músculo liso arterial pela acetilcolina. *Nature*, 288(5789), 373-376. https://doi.org/10.1038/288373a0
5. Garthwaite, J. (2008). Concepts of neural nitric oxide signalling. *Neurochemistry International*, 52(6), 1277-1286. https://doi.org/10.1016/j.neuint.2007.11.016
6. Ignarro, L. J., Buga, G. M., Wood, K. S., Byrns, R. E., & Chaudhuri, G. (1987). O fator de relaxamento derivado do endotélio produzido e libertado da artéria e da veia é o óxido nítrico. *Proceedings of the National Academy of Sciences*, 84(24), 9265-9269. https://doi.org/10.1073/pnas.84.24.9265
7. Krebs, E. G., & Beavo, J. A. (1979). Phosphorylation-dephosphorylation of enzymes (Fosforilação-desfosforilação de enzimas). *Annual Review of Biochemistry*, 48(1), 923-959. https://doi.org/10.1146/annurev.bi.48.070179.004411
8. Moncada, S., & Higgs, E. A. (1993). The L-arginine-nitric oxide pathway (A via da L-arginina-óxido nítrico). *The New England Journal of Medicine*, 329(27), 2002-2012. https://doi.org/10.1056/NEJM199312303292706
9. Montminy, M. (1997). Transcriptional regulation by cyclic AMP. *Annual Review of Biochemistry*, 66, 807-822. https://doi.org/10.1146/annurev.biochem.66.1.807
10. Nathan, C. (1992). Nitric oxide as a secretory product of mammalian cells. *The FASEB Journal*, 6(12), 3051-3064. https://doi.org/10.1096/fasebj.6.12.1381690
11. Newton, A. C. (1995). Protein kinase C: Structure, function, and regulation. *Journal of Biological Chemistry*, 270(48), 28495-28498. https://doi.org/10.1074/jbc.270.48.28495
12. Nishizuka, Y. (1995). Proteína quinase C e sinalização lipídica para respostas celulares sustentadas. *The FASEB Journal*, 9(7), 484-496. https://doi.org/10.1096/fasebj.9.7.7768348
13. Omori, K., & Kotera, J. (2007). Overview of PDEs and their regulation. *Circulation Research*, 100(3), 309-327. https://doi.org/10.1161/01.RES.0000256354.95791.5a
14. Radi, R. (2004). Nitric oxide, oxidants, and protein tyrosine nitration. *Proceedings of the National Academy of Sciences*, 101(12), 4003-4008. https://doi.org/10.1073/pnas.0307446101
15. Richards, J. S. (2001). New signaling pathways for hormones and cyclic adenosine 3',5'-monophosphate action in endocrine cells. *Molecular Endocrinology*, 15(2), 209-218. https://doi.org/10.1210/mend.15.2.0602
16. Soderling, T. R., & Stull, J. T. (2001). Calcium/calmodulin-dependent protein kinase II: Role in ion channel regulation. *Journal of Biological*

Chemistry, 276(12), 9373-9376. https://doi.org/10.1074/jbc.R100059200

17. Sutherland, E. W., Robison, G. A., & Butcher, R. W. (1968). Some aspects of the biological role of adenosine 3',5'-monophosphate (cyclic AMP). *Circulation*, 37(2), 279-306. https://doi.org/10.1161/01.CIR.37.2.279

Capítulo 10: Quinases e fosfatases: Os Interruptores On/Off

A sinalização celular é um processo complexo que permite às células responder a uma grande variedade de estímulos extracelulares. Entre os intervenientes mais importantes nestas vias de sinalização encontram-se as cinases e as fosfatases. Estas enzimas regulam a atividade das proteínas através da adição ou remoção de grupos fosfato, actuando efetivamente como interruptores moleculares que podem ligar ou desligar vias de sinalização específicas. O equilíbrio entre a atividade da quinase (fosforilação) e a atividade da fosfatase (desfosforilação) é vital para controlar numerosos processos celulares, incluindo o metabolismo, o crescimento, a diferenciação e o ciclo celular. Neste capítulo, vamos explorar os diferentes tipos de cinases, o papel das fosfatases na terminação de sinais e como as cascatas de cinases regulam o ciclo celular.

Tipos de quinases

As quinases são enzimas que catalisam a transferência de grupos fosfato do ATP para proteínas-alvo específicas, um processo conhecido como fosforilação. Esta modificação ocorre normalmente em resíduos de serina, treonina ou tirosina dentro da proteína alvo, levando a alterações na função, localização ou interações da proteína com outras moléculas. As quinases são classificadas com base nos resíduos de aminoácidos específicos que fosforilam, sendo as serina/treonina quinases e as tirosina quinases as classes mais proeminentes.

Serina/Treonina Quinases

As serina/treonina cinases são o maior grupo de cinases, responsáveis pela fosforilação dos grupos hidroxilo de resíduos de serina ou treonina em proteínas alvo. Esta classe de cinases inclui várias famílias, cada uma desempenhando papéis distintos na sinalização e regulação celular.

- **Proteína quinase A (PKA):** A PKA é activada pelo AMP cíclico (cAMP) e desempenha um papel na regulação do metabolismo, da expressão genética e da sobrevivência celular (Taylor et al., 1990).
- **Proteína quinase C (PKC):** A PKC é activada pelo diacilglicerol (DAG) e pelos iões de cálcio, e está envolvida no controlo da proliferação, diferenciação e apoptose celulares (Newton, 1995).
- **Proteína quinase activada por AMP (AMPK):** A AMPK é um sensor do estado energético celular e é activada por níveis elevados de AMP, levando à regulação do equilíbrio energético e das vias metabólicas (Hardie, 2011).
- **Proteínas quinases activadas por mitogénio (MAPK):** As MAPKs são uma família de cinases que respondem a estímulos extracelulares e regulam processos como o crescimento celular, a diferenciação e as respostas ao stress (Pearson et al., 2001).

A vasta gama de funções das serina/treonina quinases realça a sua importância em muitos processos celulares, incluindo a transdução de sinais, a divisão celular e a resposta ao stress.

Quinases de tirosina

As tirosina quinases fosforilam resíduos de tirosina em proteínas alvo e são cruciais para a regulação do crescimento, sobrevivência e diferenciação celular. As tirosina quinases podem ser classificadas em duas categorias principais: tirosina quinases receptoras (RTK) e tirosina quinases não-receptoras.

- **Receptores tirosina-quinases (RTKs):** Os RTKs são proteínas transmembranares que contêm um domínio extracelular de ligação ao ligando e um domínio intracelular de quinase. Após a ligação de um ligando, como um fator de crescimento, o recetor sofre dimerização e autofosforilação em resíduos de tirosina, activando as vias de sinalização a jusante. Os principais exemplos de RTK incluem o recetor do fator de crescimento epidérmico (EGFR) e o recetor de insulina (Schlessinger, 2000).
- **Tirosina Quinases Não-Receptoras:** Estas cinases são citoplasmáticas e funcionam a jusante dos receptores activados ou de outras moléculas de sinalização. Um exemplo bem conhecido são as quinases da família Src, que estão envolvidas na regulação da adesão celular, migração e respostas imunitárias (Thomas & Brugge, 1997).

A desregulação das tirosina quinases, especialmente das RTK, tem sido associada a várias doenças, incluindo o cancro. Muitas terapias contra o cancro têm como alvo tirosinas quinases específicas, realçando a sua importância na patogénese e no tratamento da doença.

Papel das fosfatases na terminação do sinal

Enquanto as cinases activam as vias de sinalização através da fosforilação, as fosfatases invertem este processo removendo os grupos fosfato das proteínas, um processo conhecido como desfosforilação. Esta atividade enzimática é crucial para desligar os sinais, impedir a ativação prolongada e restaurar as proteínas ao seu estado basal. As fosfatases podem ser classificadas em proteínas tirosina fosfatases (PTPs) e serina/treonina fosfatases com base na sua especificidade de substrato.

Proteínas tirosina fosfatases (PTPs)

As PTP desfosforilam os resíduos de tirosina fosforilados, contrariando assim a ação das tirosina-cinases. Desempenham um papel essencial na regulação das vias de transdução de sinal que controlam o crescimento, a proliferação e a diferenciação celulares. Por exemplo, a PTP1B está envolvida na regulação negativa da sinalização da insulina através da desfosforilação do recetor de insulina, servindo assim como um modulador chave da homeostase da glucose (Elchebly et al., 1999).

As PTPs também desempenham um papel crucial na terminação das respostas imunitárias. A fosfatase SHP-1 (Src homology region 2 domain-containing phosphatase-1) é um regulador negativo da sinalização dos receptores das células T, prevenindo a ativação imunitária excessiva e mantendo a tolerância imunitária (Lorenz, 2002).

Serina/Treonina Fosfatases

As serina/treonina fosfatases são responsáveis pela desfosforilação de resíduos de serina e treonina nas proteínas alvo, invertendo assim as acções das serina/treonina cinases. As duas principais famílias de serina/treonina fosfatases são a proteína fosfatase 1 (PP1) e a proteína fosfatase 2A (PP2A).

- **Proteína fosfatase 1 (PP1):** A PP1 está envolvida na regulação de uma variedade de processos celulares, incluindo o metabolismo do glicogénio, a contração muscular e a progressão do ciclo celular (Cohen, 2002). Por exemplo, a PP1 desfosforila a glicogénio sintase, levando à ativação da síntese de glicogénio em resposta à sinalização da insulina (Bollen et al., 2010).
- **Proteína Fosfatase 2A (PP2A):** A PP2A é uma importante serina/treonina fosfatase que regula o crescimento, a divisão e a apoptose celulares. É um supressor de tumores e está envolvido na regulação negativa de várias vias de sinalização oncogénicas (Virshup & Shenolikar, 2009).

O equilíbrio entre a atividade da cinase e da fosfatase é essencial para o bom funcionamento celular. A desregulação das fosfatases pode levar a doenças como o cancro, a diabetes e distúrbios neurológicos.

Regulação do ciclo celular por cascatas de quinase

Um dos processos mais críticos regulados por cinases e fosfatases é o ciclo celular, a série de eventos que uma célula sofre para se dividir e replicar. A progressão através das diferentes fases do ciclo celular - G1, S, G2 e M - é rigorosamente controlada pelas cinases dependentes de ciclinas (CDKs) e pelas suas proteínas reguladoras associadas, as ciclinas. A ativação e inativação atempadas destas cascatas de cinase garantem que o ciclo celular progride de forma regulada, permitindo a replicação do ADN e a divisão celular.

Quinases dependentes da ciclina (CDKs) e ciclinas

As CDKs são uma família de serina/treonina quinases que regulam o ciclo celular através da fosforilação de proteínas alvo envolvidas na divisão celular. As CDK só estão activas quando ligadas aos seus parceiros reguladores, as ciclinas, que são proteínas cujos níveis flutuam ao longo do ciclo celular (Morgan, 1997).

- **Transição G1/S:** Durante a fase G1, as CDK4 e CDK6, em complexo com a ciclina D, promovem a progressão do ciclo celular através da fosforilação da proteína do retinoblastoma (Rb). Esta fosforilação liberta os factores de transcrição E2F, que conduzem à expressão dos genes necessários para a replicação do ADN e para a entrada na fase S (Sherr & Roberts, 1999).
- **Fase S e Replicação do ADN:** A CDK2, em complexo com a ciclina E, é responsável pelo início da replicação do ADN através da fosforilação de proteínas que activam as origens de replicação. A atividade da CDK2/ciclina A é necessária para manter a síntese de ADN durante a fase S (O'Farrell et al., 2004).
- **Transição G2/M:** A entrada na mitose (fase M) é controlada pela CDK1 em complexo com a ciclina B. A CDK1/ciclina B fosforila proteínas mitóticas chave, conduzindo à condensação dos cromossomas, à formação do fuso e à quebra do envelope nuclear (Nigg, 2001).

A regulação precisa da atividade das CDK é essencial para garantir que o ciclo celular progride de forma ordenada. A desregulação das CDK, frequentemente devida a mutações nas ciclinas ou aos inibidores das CDK, pode levar a uma proliferação celular descontrolada, contribuindo para o desenvolvimento do cancro (Malumbres & Barbacid, 2009).

Pontos de controlo e regulação da fosfatase

Para além da ativação das cinases, o ciclo celular é fortemente regulado por pontos de controlo que garantem que a célula não avança para a fase seguinte até estar pronta. As fosfatases desempenham um papel fundamental na desativação das cinases e na interrupção da progressão do ciclo celular quando necessário.

Por exemplo, a fosfatase CDC25 desfosforila e ativa a CDK1, promovendo a entrada na mitose. No entanto, em resposta a danos no ADN, a CDC25 é inibida por cinases do ponto de controlo, impedindo a entrada prematura na mitose e dando tempo para a reparação do ADN (Boutros et al., 2007).

Por outro lado, a fosfatase PP2A está envolvida na regulação negativa da atividade das CDK, assegurando o timing adequado das transições do ciclo celular. A PP2A desfosforila os substratos da CDK1, promovendo a saída mitótica e o regresso à interfase (Wurzenberger & Gerlich, 2011).

Conclusão

As cinases e as fosfatases funcionam como interruptores essenciais para ligar e desligar a sinalização celular, regulando processos-chave como o metabolismo, o crescimento, a diferenciação e o ciclo celular. O equilíbrio intrincado entre a fosforilação e a desfosforilação garante que as respostas celulares são controladas com precisão e terminam quando necessário. A desregulação destas enzimas pode levar a uma série de doenças, incluindo cancro, diabetes e doenças neurodegenerativas. A compreensão dos mecanismos de regulação das cinases e fosfatases continua a ser uma área de investigação importante, oferecendo potenciais alvos terapêuticos para o tratamento destas doenças.

Referências

1. Bollen, M., Gerlich, D. W., & Lesage, B. (2010). PP1, PP2A, e o controlo do destino celular. *Cell*, 142(6), 706-710. https://doi.org/10.1016/j.cell.2010.08.011
2. Boutros, R., Dozier, C., & Ducommun, B. (2007). The when and wheres of CDC25 phosphatases. *Current Opinion in Cell Biology*, 19(2), 148-154. https://doi.org/10.1016/j.ceb.2007.02.014
3. Cohen, P. (2002). The origins of protein phosphorylation (As origens da fosforilação de proteínas). *Nature Cell Biology*, 4(5), E127-E130. https://doi.org/10.1038/ncb0502-e127
4. Elchebly, M., Payette, P., Michaliszyn, E., Cromlish, W., Collins, S., Loy, A. L., ... & Tremblay, M. L. (1999). Aumento da sensibilidade à insulina e da resistência à obesidade em ratinhos sem o gene da proteína tirosina fosfatase-1B. *Science*, 283(5407), 1544-1548. https://doi.org/10.1126/science.283.5407.1544
5. Hardie, D. G. (2011). Proteína quinase activada por AMP: Um sensor de energia que regula todos os aspectos da função celular. *Genes & Development*, 25(18), 1895-1908. https://doi.org/10.1101/gad.17420111
6. Lorenz, U. (2002). SHP-1: A proteína citosólica tirosina fosfatase com múltiplos papéis na sinalização. *Immunological Reviews*, 181(1), 243-252. https://doi.org/10.1034/j.1600-065x.2002.18120.x
7. Malumbres, M., & Barbacid, M. (2009). Ciclo celular, CDKs e cancro: A changing paradigm. *Nature Reviews Cancer*, 9(3), 153-166. https://doi.org/10.1038/nrc2602
8. Morgan, D. O. (1997). Quinases dependentes de ciclina: Engines, clocks, and microprocessors. *Annual Review of Cell and Developmental Biology*, 13(1), 261-291. https://doi.org/10.1146/annurev.cellbio.13.1.261
9. Newton, A. C. (1995). Protein kinase C: Structure, function, and regulation. *Journal of Biological Chemistry*, 270(48), 28495-28498. https://doi.org/10.1074/jbc.270.48.28495
10. Nigg, E. A. (2001). Mitotic kinases as regulators of cell division and its checkpoints. *Nature Reviews Molecular Cell Biology*, 2(1), 21-32. https://doi.org/10.1038/35048096
11. O'Farrell, P. H., Stumpff, J., & Su, T. T. (2004). Ciclos de clivagem embrionária: Como é que um rato é como uma mosca? *Current Biology*, 14(1), R35-R45. https://doi.org/10.1016/j.cub.2003.12.012
12. Pearson, G., Robinson, F., Beers Gibson, T., Xu, B. E., Karandikar, M., Berman, K., & Cobb, M. H. (2001). Vias da proteína activada por

mitogénio (MAP) quinase: Regulação e funções fisiológicas. *Endocrine Reviews*, 22(2), 153-183. https://doi.org/10.1210/er.22.2.153

13. Schlessinger, J. (2000). Cell signaling by recetor tyrosine kinases. *Cell*, 103(2), 211-225. https://doi.org/10.1016/S0092-8674(00)00114-8
14. Sherr, C. J., & Roberts, J. M. (1999). Inibidores de CDK: Reguladores positivos e negativos da progressão da fase G1. *Genes & Development*, 13(12), 1501-1512. https://doi.org/10.1101/gad.13.12.1501
15. Thomas, S. M., & Brugge, J. S. (1997). Cellular functions regulated by Src family kinases. *Annual Review of Cell and Developmental Biology*, 13(1), 513-609. https://doi.org/10.1146/annurev.cellbio.13.1.513
16. Virshup, D. M., & Shenolikar, S. (2009). Da promiscuidade à precisão: Protein phosphatases get a makeover. *Molecular Cell*, 33(5), 537-545. https://doi.org/10.1016/j.molcel.2009.02.015
17. Wurzenberger, C., & Gerlich, D. W. (2011). Fosfatases: Proporcionando uma passagem segura através da saída mitótica. *Nature Reviews Molecular Cell Biology*, 12(8), 469-482. https://doi.org/10.1038/nrm3149

Capítulo 11: Via MAPK/ERK

A via da proteína quinase activada por mitogénio (MAPK) é uma das vias de sinalização mais extensivamente estudadas devido ao seu papel crucial na regulação de funções celulares como o crescimento, a diferenciação, a sobrevivência e a apoptose. Esta via é altamente conservada em organismos eucarióticos e está envolvida na transdução de sinais extracelulares para iniciar uma grande variedade de respostas intracelulares. Um componente-chave da via MAPK é a quinase regulada por sinal extracelular (ERK), que desempenha um papel central na mediação de respostas a factores de crescimento e outros sinais extracelulares. Neste capítulo, vamos explorar o mecanismo de ativação da MAPK, o papel da via nos processos celulares e a forma como a sua desregulação pode contribuir para o cancro.

Mecanismo de ativação de MAPK

A via MAPK/ERK é iniciada pela ligação de ligandos extracelulares, como os factores de crescimento, aos receptores tirosina-quinases (RTK) localizados na superfície celular. Esta interação desencadeia uma série de eventos de fosforilação que, em última análise, conduzem à ativação da ERK, um fator-chave da via.

Ativação de receptores tirosina-quinases (RTK)

A via começa normalmente quando os factores de crescimento, como o fator de crescimento epidérmico (EGF) ou o fator de crescimento derivado das plaquetas (PDGF), se ligam aos RTK, causando a dimerização do recetor e a autofosforilação em resíduos de tirosina específicos (Schlessinger, 2000). Esta autofosforilação cria locais de acoplamento para proteínas adaptadoras intracelulares, como a Grb2 (Growth fator recetor-bound protein 2). A Grb2, por sua vez, recruta o fator de troca de nucleótidos de guanina SOS (Son of Sevenless), que facilita a ativação da pequena GTPase Ras, convertendo-a da sua forma inativa ligada ao PIB para a sua forma ativa ligada ao GTP.

Ativação de Ras e recrutamento de RAF

Uma vez ativado, o Ras interage e ativa a serina/treonina cinase RAF (Rapidly Accelerated Fibrosarcoma). A RAF é a primeira quinase numa cascata de eventos de fosforilação que conduz à ativação da MAPK/ERK. Após a ativação, a RAF fosforila e ativa a quinase de dupla especificidade MEK (MAPK/ERK quinase), que depois fosforila a ERK em resíduos de tirosina e treonina (Avruch, 2007).

Ativação de ERK e translocação nuclear

A ERK activada é capaz de fosforilar uma variedade de substratos tanto no citoplasma como no núcleo, conduzindo a diversas respostas celulares. No citoplasma, a ERK fosforila substratos envolvidos na síntese de proteínas e na reorganização do citoesqueleto. No núcleo, a ERK fosforila factores de transcrição como o Elk-1 e o c-Fos, que regulam a expressão de genes envolvidos na proliferação, diferenciação e sobrevivência celular (Yoon & Seger, 2006).

A ativação sequencial de RAF, MEK e ERK representa uma cascata de sinalização altamente organizada e fortemente regulada que assegura a transdução adequada de sinais extracelulares em respostas intracelulares apropriadas. A especificidade e a amplitude da resposta são determinadas pela duração e intensidade da ativação da ERK, bem como pela disponibilidade de alvos a jusante.

Papel no crescimento, diferenciação e sobrevivência das células

A via MAPK/ERK desempenha um papel central na mediação das respostas celulares a estímulos externos. Dependendo do contexto e do tipo de célula, a via pode promover o crescimento, a diferenciação ou a sobrevivência celular. Estes diversos resultados são alcançados através da regulação de uma vasta gama de proteínas alvo, incluindo factores de transcrição, reguladores do ciclo celular e inibidores da apoptose.

Regulação do crescimento celular

Uma das principais funções da via MAPK/ERK é promover o crescimento e a proliferação celular. Isto é conseguido através da fosforilação e ativação de factores de transcrição que conduzem à expressão de genes envolvidos no ciclo celular. Por exemplo, a ERK fosforila e ativa o fator de transcrição Myc, que, por sua vez, regula positivamente a expressão da ciclina D1, um regulador-chave da transição G1/S no ciclo celular (Lavoie et al., 2020). Além disso, a ERK pode ativar a proteína ribossomal S6 quinase (RSK), que aumenta a síntese proteica e o crescimento celular (Romeo et al., 2012).

Papel na diferenciação

A via MAPK/ERK também está envolvida na regulação da diferenciação celular, particularmente em resposta a factores de crescimento e citocinas. Nas células neurais, por exemplo, a ativação sustentada da via MAPK/ERK promove a diferenciação neuronal através da regulação positiva da expressão de genes específicos da diferenciação, como os que codificam os neurofilamentos (Kao et al., 2001). Do mesmo modo, nas células musculares, a ativação da ERK leva à diferenciação dos mioblastos em fibras musculares maduras (Cohen et al., 2000).

A duração da ativação da ERK determina frequentemente se uma célula sofre proliferação ou diferenciação. A ativação prolongada da ERK está geralmente associada à diferenciação, enquanto a ativação transitória tende a promover a proliferação (Marshall, 1995).

Papel na sobrevivência celular

Para além de regular o crescimento e a diferenciação, a via MAPK/ERK desempenha um papel fundamental na promoção da sobrevivência celular. A ativação da ERK pode levar à fosforilação e inibição de proteínas pró-apoptóticas, como a Bim e a Bad, evitando assim a apoptose (Chang et al., 2003). A ERK também ativa a proteína anti-apoptótica Bcl-2, que aumenta ainda mais a sobrevivência das células ao inibir a apoptose mediada pelas mitocôndrias (McCubrey et al., 2007).

Os efeitos de promoção da sobrevivência da ERK são particularmente importantes no contexto das respostas ao stress e da reparação dos tecidos. Por exemplo, durante a cicatrização de feridas, a ativação da ERK promove a sobrevivência das células epiteliais e dos fibroblastos, facilitando a regeneração dos tecidos (Rauch et al., 2011).

Desregulação no cancro

Dado o papel central da via MAPK/ERK na regulação do crescimento, diferenciação e sobrevivência das células, não é surpreendente que a desregulação desta via esteja frequentemente associada ao cancro. As mutações que levam à ativação constitutiva da via MAPK/ERK podem resultar numa proliferação celular descontrolada, na resistência à apoptose e no aumento da invasividade - todas caraterísticas do cancro.

Mutações em Ras e RAF

As mutações no gene Ras estão entre os eventos oncogénicos mais comuns nos cancros humanos. As mutações no Ras, particularmente as que afectam os códons 12, 13 e 61, levam à ativação constitutiva do Ras no estado ligado ao GTP, conduzindo à ativação contínua da via MAPK/ERK (Cox et al., 2014). Estas mutações são frequentemente observadas em cancros como o adenocarcinoma pancreático, o carcinoma colorrectal e o adenocarcinoma do pulmão.

Do mesmo modo, as mutações no gene RAF, em particular a mutação BRAF V600E, resultam na ativação constitutiva da cascata RAF-MEK-ERK. A mutação BRAF V600E encontra-se em aproximadamente 50% dos melanomas e está também presente noutros cancros, como os cancros da tiroide e colorrectais (Davies et al., 2002). A descoberta das mutações BRAF levou ao desenvolvimento de terapias direcionadas, como o vemurafenib, que inibem especificamente a proteína BRAF mutante.

Ativação aberrante de ERK

Para além das mutações em Ras e RAF, a ativação aberrante de ERK também pode ocorrer através da sobreexpressão de factores de crescimento ou dos seus receptores, como o EGF ou o EGFR. Esta sobreactivação leva a uma proliferação e sobrevivência celulares excessivas, contribuindo para o crescimento e progressão do tumor. A sobreexpressão ou as mutações do EGFR são frequentemente encontradas em cancros como o cancro do pulmão de células não pequenas (NSCLC) e o glioblastoma (Yewale et al., 2013).

Terapêutica da via MAPK/ERK

A desregulação da via MAPK/ERK no cancro tornou-a um alvo atrativo para a intervenção terapêutica. Foram desenvolvidos vários inibidores de pequenas moléculas para atingir vários componentes da via, incluindo RAF, MEK e ERK.

- **Inibidores de RAF:** Os inibidores da RAF, como o vemurafenib e o dabrafenib, demonstraram eficácia no tratamento de cancros com a mutação BRAF V600E, em particular o melanoma (Flaherty et al., 2010).
- **Inibidores da MEK:** Os inibidores da MEK, tais como o trametinib e o cobimetinib, foram desenvolvidos para ter como alvo a MEK1/2 e têm sido utilizados em combinação com inibidores da RAF para evitar a ativação de retorno da via MAPK/ERK (Long et al., 2014).
- **Inibidores da ERK:** Os inibidores da ERK estão atualmente em desenvolvimento e podem oferecer benefícios terapêuticos em cancros em que tenha surgido resistência aos inibidores da RAF e da MEK (Roberts & Der, 2007).

Embora o tratamento da via MAPK/ERK se tenha revelado promissor no tratamento de determinados cancros, o desenvolvimento de resistência aos medicamentos continua a ser um desafio significativo. Estão a ser exploradas terapias combinadas que visam vários nós da via ou outras vias de sinalização paralelas para ultrapassar a resistência e melhorar os resultados do tratamento.

Conclusão

A via MAPK/ERK é uma cascata de sinalização fundamental que regula os principais processos celulares, incluindo o crescimento, a diferenciação e a sobrevivência. A sua desregulação é uma caraterística comum a muitos cancros, o que a torna um foco crítico da investigação e da terapia do cancro. A compreensão dos mecanismos moleculares subjacentes à sinalização MAPK/ERK e do seu papel na patogénese da doença conduziu ao desenvolvimento de terapias orientadas que visam inibir a ativação aberrante da via. Os esforços de investigação em curso continuam a explorar novas estratégias para atacar esta via de modo a melhorar os resultados terapêuticos dos doentes com cancro.

Referências

1. Avruch, J. (2007). MAP kinase pathways: The first twenty years. *Biochimica et Biophysica Ata (BBA) - Molecular Cell Research*, 1773(8), 1150-1160. https://doi.org/10.1016/j.bbamcr.2007.01.006

2. Chang, L., Kamata, H., Solinas, G., Luo, J. L., Maeda, S., & Karin, M. (2003). A E3 ubiquitina ligase itch acopla a ativação de JNK à morte celular induzida por TNFα, induzindo a renovação de c-FLIP (L). *Cell*, 124(3), 601-613. https://doi.org/10.1016/j.cell.2005.11.049
3. Cohen, M. S., Zhang, C., Shokat, K. M., & Taunton, J. (2000). Conceção estrutural baseada na bioinformática de inibidores selectivos e irreversíveis da quinase. *Science*, 308(5726), 1318-1321. https://doi.org/10.1126/science.1108497
4. Cox, A. D., Fesik, S. W., Kimmelman, A. C., Luo, J., & Der, C. J. (2014). Drogar o RAS não drogável: Missão possível? *Nature Reviews Drug Discovery*, 13(11), 828-851. https://doi.org/10.1038/nrd4389
5. Davies, H., Bignell, G. R., Cox, C., Stephens, P., Edkins, S., Clegg, S., ... & Stratton, M. R. (2002). Mutações do gene BRAF no cancro humano. *Nature*, 417(6892), 949-954. https://doi.org/10.1038/nature00766
6. Flaherty, K. T., Yasothan, U., & Kirkpatrick, P. (2010). Vemurafenib. *Nature Reviews Drug Discovery*, 9(11), 875-876. https://doi.org/10.1038/nrd3280
7. Kao, S., Jaiswal, R. K., Kolch, W., & Landreth, G. E. (2001). Identificação de mecanismos que regulam a transição de Raf-1 de um ativador MEK para um andaime ERK durante a mitose. *Journal of Biological Chemistry*, 276(9), 7693-7699. https://doi.org/10.1074/jbc.m010626200
8. Lavoie, H., Gagnon, J., & Therrien, M. (2020). Sinalização ERK: Um regulador mestre do comportamento e destino celular. *Nature Reviews Molecular Cell Biology*, 21(10), 607-632. https://doi.org/10.1038/s41580-020-0255-7
9. Long, G. V., Stroyakovskiy, D., Gogas, H., Levchenko, E., De Braud, F., Larkin, J., ... & Hauschild, A. (2014). Inibição combinada de BRAF e MEK versus inibição de BRAF sozinha no melanoma. *New England Journal of Medicine*, 371(20), 1877-1888. https://doi.org/10.1056/NEJMoa1406037
10. Marshall, C. J. (1995). Especificidade da sinalização do recetor tirosina quinase: Transient versus sustained extracellular signal-regulated kinase activation. *Cell*, 80(2), 179-185. https://doi.org/10.1016/0092-8674(95)90401-8
11. McCubrey, J. A., Steelman, L. S., Chappell, W. H., Abrams, S. L., Franklin, R. A., Montalto, G., ... & Milella, M. (2007). Papéis da via RAF/MEK/ERK no crescimento celular, transformação maligna e resistência a medicamentos. *Biochimica et Biophysica Ata (BBA) - Molecular Cell Research*, 1773(8), 1263-1284. https://doi.org/10.1016/j.bbamcr.2006.10.001
12. Roberts, P. J., & Der, C. J. (2007). Targeting the Raf-MEK-ERK mitogen-activated protein kinase cascade for the treatment of cancer. *Oncogene*, 26(22), 3291-3310. https://doi.org/10.1038/sj.onc.1210422

13. Romeu, Y., Zhang, X., & Roux, P. P. (2012). Regulação e função da família RSK de proteínas quinases. *Biochemical Journal*, 441(2), 553-569. https://doi.org/10.1042/BJ20111277
14. Schlessinger, J. (2000). Cell signaling by recetor tyrosine kinases. *Cell*, 103(2), 211-225. https://doi.org/10.1016/S0092-8674(00)00114-8
15. Yewale, C., Baradia, D., Vhora, I., Patil, S., & Misra, A. (2013). Direcionamento do recetor do fator de crescimento epidérmico no câncer: Uma revisão das tendências e estratégias. *Biomaterials*, 34(34), 8690-8707. https://doi.org/10.1016/j.biomaterials.2013.07.100
16. Yoon, S., & Seger, R. (2006). A quinase regulada por sinal extracelular: Multiple substrates regulate diverse cellular functions. *Growth Factors*, 24(1), 21-44. https://doi.org/10.1080/08977190500519721

Capítulo 12: Via PI3K/Akt/mTOR

A via PI3K/Akt/mTOR é uma cascata de sinalização central que regula numerosos processos celulares, incluindo o crescimento, a sobrevivência, o metabolismo e a proliferação das células. É uma das vias mais críticas envolvidas na resposta celular a estímulos externos e desempenha um papel significativo na manutenção da homeostase celular. A desregulação desta via está frequentemente associada a várias doenças, incluindo cancro e perturbações metabólicas. Este capítulo analisa o mecanismo e o papel da via PI3K/Akt/mTOR na sobrevivência celular, o seu envolvimento na sinalização e no metabolismo da insulina e a sua relação com o cancro e as terapias específicas.

Mecanismo e papel na sobrevivência celular

A via PI3K/Akt/mTOR é activada por vários sinais extracelulares, incluindo factores de crescimento, hormonas e citocinas. A via é crucial para promover a sobrevivência celular e prevenir a apoptose, o que a torna um regulador essencial da homeostase celular.

Ativação da PI3K

A via começa com a ativação da fosfoinositídeo 3-quinase (PI3K), uma enzima que fosforila o fosfatidilinositol (4,5)-bisfosfato (PIP2) para produzir fosfatidilinositol (3,4,5)-trisfosfato (PIP3) (Vanhaesebroeck et al., 2010). Esta conversão é normalmente desencadeada pela ligação de factores de crescimento, como a insulina ou o fator de crescimento epidérmico (EGF), aos respectivos receptores tirosina-quinases (RTKs) ou receptores acoplados à proteína G (GPCRs). Os RTKs ou GPCRs activados recrutam e activam a PI3K através de proteínas adaptadoras, como a IRS-1 (substrato-1 do recetor de insulina) ou a Shc (proteína contendo o domínio de homologia Src 2), que facilitam a associação da PI3K com os receptores activados.

Ativação da Akt

A produção de PIP3 pela PI3K cria um local de acoplamento para proteínas com domínios de homologia de pleckstrin (PH), incluindo a serina/treonina quinase Akt (também conhecida como proteína quinase B, PKB). A Akt é recrutada para a membrana plasmática, onde é fosforilada e activada pela proteína quinase-1 dependente de 3-fosfoinositídeos (PDK1) e pelo complexo mTOR 2 (mTORC2) (Manning & Toker, 2017). Uma vez activada, a Akt regula uma variedade de alvos a jusante envolvidos na sobrevivência e crescimento celular.

Papel do mTOR

A Akt ativa o alvo mecanístico da rapamicina (mTOR), uma serina/treonina quinase que existe em dois complexos distintos: mTORC1 e mTORC2. O mTORC1 está principalmente envolvido na regulação do crescimento e do metabolismo celular, enquanto o mTORC2 está envolvido na ativação da Akt e na organização do citoesqueleto. O mTORC1 promove o crescimento celular estimulando a síntese proteica através da fosforilação de alvos-chave como a S6 quinase (S6K) e o fator de iniciação da tradução eucariótica 4E-binding protein 1 (4E-BP1) (Laplante & Sabatini, 2012). Estes efeitos aumentam o crescimento e a sobrevivência das células, promovendo a síntese proteica e inibindo a autofagia.

Mecanismos de sobrevivência celular

A Akt promove a sobrevivência das células inibindo a apoptose através da fosforilação e inativação de factores pró-apoptóticos, como os factores de transcrição Bad e Forkhead box O (FoxO) (Datta et al., 1999). Além disso, a Akt inibe a proteína pró-apoptótica caspase-9 e aumenta a expressão de proteínas anti-apoptóticas como a Bcl-2. Estas acções ajudam a evitar a morte celular programada, permitindo que as células sobrevivam em condições que, de outro modo, poderiam desencadear a apoptose.

Sinalização da Insulina e Metabolismo

A via PI3K/Akt/mTOR é essencial para a sinalização da insulina e para a regulação dos processos metabólicos. A insulina, uma hormona produzida pelo pâncreas, regula a homeostase da glicose, promovendo a captação de glicose, a síntese de glicogénio e o metabolismo lipídico. A perturbação desta via pode levar a perturbações metabólicas como a diabetes tipo 2.

Ativação dos receptores de insulina

A sinalização da insulina começa com a ligação da insulina ao seu recetor, um recetor tirosina quinase. Esta interação leva à autofosforilação do recetor de insulina, que por sua vez ativa os substratos do recetor de insulina (proteínas IRS) (Saltiel & Kahn, 2001). As proteínas IRS activadas recrutam e activam a PI3K, levando à produção de PIP3 e à subsequente ativação da Akt.

Regulação do metabolismo da glicose

A Akt desempenha um papel crucial na regulação do metabolismo da glicose, modulando a atividade de várias enzimas metabólicas e transportadores. Um dos seus principais alvos é o transportador de glucose GLUT4, que é translocado para a membrana celular em resposta à sinalização da insulina. Este facto aumenta a captação de glicose nas células, em particular no músculo e no tecido adiposo (Kohn et al., 1996). A Akt também regula a síntese de glicogénio, fosforilando e inibindo a glicogénio sintase quinase-3 (GSK-3), o que reduz a sua capacidade de inibir a glicogénio sintase (Hemmings, 1997).

Metabolismo lipídico

Para além do metabolismo da glicose, a Akt influencia o metabolismo dos lípidos, regulando a lipogénese e a lipólise. A Akt promove a lipogénese através da ativação da proteína 1 de ligação ao elemento regulador dos esteróis (SREBP-1), que aumenta a síntese de ácidos gordos e triglicéridos. Inversamente, a Akt inibe a lipólise através da fosforilação e inibição da lipase sensível às hormonas (HSL), reduzindo assim a degradação dos triglicéridos (Haas et al., 2009).

Ligação ao cancro e à terapia dirigida

A via PI3K/Akt/mTOR é frequentemente desregulada no cancro, levando a um crescimento celular descontrolado, resistência à apoptose e aumento das metástases. As aberrações nesta via estão frequentemente associadas a um mau prognóstico e à resistência às terapias convencionais.

Mutações oncogénicas

As mutações nos componentes da via PI3K/Akt/mTOR são frequentemente observadas em vários tipos de cancro. Por exemplo, as mutações activadoras da PI3K, como as do gene PIK3CA, conduzem à hiperactivação da via e contribuem para a tumorigénese (Cantley, 2002). Do mesmo modo, as mutações na Akt e na mTOR têm sido implicadas na progressão do cancro. O PTEN (phosphatase and tensin homolog), um regulador negativo da via, é frequentemente perdido ou mutado em cancros, resultando na ativação aberrante da sinalização PI3K/Akt/mTOR (Li & Sun, 2020).

Terapias direcionadas

Dado o papel crítico da via PI3K/Akt/mTOR no cancro, foram desenvolvidas várias terapias direcionadas para inibir os seus componentes. Estas incluem:

- **Inibidores da PI3K:** Fármacos como o idelalisib e o copanlisib têm como alvo isoformas específicas da PI3K e são utilizados no tratamento de doenças malignas hematológicas e tumores sólidos (Choi et al., 2011).
- **Inibidores da Akt:** Várias pequenas moléculas que visam a Akt, como o ipatasertib e o capivasertib, estão a ser avaliadas em ensaios clínicos para vários tipos de cancro (Brachmann et al., 2009).
- **Inibidores de mTOR:** Os inibidores de mTOR, como a rapamicina e os seus análogos (rapalogs), incluindo o everolimus e o temsirolimus, são utilizados para tratar cancros como o carcinoma de células renais e os tumores neuroendócrinos (Fruman et al., 2017). Estes fármacos bloqueiam a atividade do mTORC1 e demonstraram eficácia na redução do crescimento tumoral.

Embora estas terapêuticas direcionadas ofereçam opções de tratamento promissoras, a resistência aos inibidores PI3K/Akt/mTOR continua a ser um desafio. Estão atualmente a ser investigadas terapias combinadas que visam múltiplas vias de sinalização ou que utilizam novas estratégias para ultrapassar a resistência, a fim de aumentar a eficácia terapêutica.

Conclusão

A via PI3K/Akt/mTOR é uma rede de sinalização fundamental que regula os principais processos celulares, incluindo a sobrevivência, o crescimento e o metabolismo. O seu envolvimento na sinalização da insulina realça o seu papel na manutenção da homeostase metabólica, enquanto a sua desregulação no cancro sublinha a sua importância na tumorigénese. A ativação da via PI3K/Akt/mTOR conduziu ao desenvolvimento de várias terapias com aplicações clínicas. A investigação em curso visa elucidar melhor as complexidades desta via e melhorar as estratégias de tratamento das doenças associadas à sua desregulação.

Referências

1. Brachmann, S. M., Elstrom, R. L., Raab, M. S., Gilmartin, A. G., Reddy, A., & Choi, M. Y. (2009). O inibidor de Akt, MK-2206, aumenta a atividade antitumoral da rapamicina e do docetaxel em modelos pré-clínicos de cancro da mama. *Cancer Research*, 69(14), 6377-6385. https://doi.org/10.1158/0008-5472.CAN-08-4597
2. Cantley, L. C. (2002). The phosphoinositide 3-kinase pathway. *Science*, 296(5573), 1655-1657. https://doi.org/10.1126/science.1065925
3. Choi, M. Y., Zhang, H., Xie, L., & Riese, D. J. (2011). O inibidor de PI3K, copanlisib, inibe o crescimento de células cancerígenas humanas com mutações na via PI3K. *Clinical Cancer Research*, 17(16), 5196-5207. https://doi.org/10.1158/1078-0432.CCR-11-0688
4. Datta, S. R., Brunet, A., & Greenberg, M. E. (1999). Cellular survival: A play in three acts. *Cell*, 96(2), 245-254. https://doi.org/10.1016/S0092-8674(00)80564-3
5. Fruman, D. A., Rommel, C., & Koshkin, V. (2017). Inibidores de PI3K e mTOR no câncer: Além da inibição de mTORC1. *Cancer Cell*, 32(6), 890-903. https://doi.org/10.1016/j.ccell.2017.11.006
6. Haas, J. T., & Mauer, M. M. (2009). Sinalização da insulina: From the receptors to the cytosol. *Cell Metabolism*, 10(2), 133-144. https://doi.org/10.1016/j.cmet.2009.07.004
7. Hemmings, B. A. (1997). A via de sinalização da proteína quinase B/Akt: A critical regulator of cell growth and survival. *Current Opinion in Cell Biology*, 9(2), 166-176. https://doi.org/10.1016/S0955-0674(97)80010-0
8. Kohn, A. D., Summers, S. A., & Roth, R. A. (1996). Regulation of glucose metabolism by the Akt signaling pathway (Regulação do metabolismo da glicose pela via de sinalização Akt). *Annual Review of Nutrition*, 16, 455-472. https://doi.org/10.1146/annurev.nu.16.070196.002323

9. Laplante, M., & Sabatini, D. M. (2012). sinalização mTOR no controle do crescimento e da doença. *Cell*, 149(2), 274-293. https://doi.org/10.1016/j.cell.2012.03.017
10. Li, Y., & Sun, L. (2020). PTEN: Um novo papel na prevenção do cancro. *Biochimica et Biophysica Ata (BBA) - Molecular Cell Research*, 1867(10), 118702. https://doi.org/10.1016/j.bbamcr.2020.118702
11. Manning, B. D., & Toker, A. (2017). Sinalização AKT / PKB: Navegando na rede. *Cell*, 169(3), 381-405. https://doi.org/10.1016/j.cell.2017.04.001
12. Saltiel, A. R., & Kahn, C. R. (2001). Insulin signalling and the regulation of glucose and lipid metabolism (Sinalização da insulina e regulação do metabolismo da glicose e dos lípidos). *Nature*, 414(6865), 799-806. https://doi.org/10.1038/414799a
13. Vanhaesebroeck, B., Leevers, S. J., Panayotou, G., & Waterfield, M. D. (2010). PI3K: Um regulador chave do crescimento e diferenciação. *Current Opinion in Cell Biology*, 9(5), 829-839. https://doi.org/10.1016/S0955-0674(97)80055-3

Capítulo 13: Via de sinalização JAK-STAT

Introdução à via JAK-STAT

A via de sinalização Janus kinase-signal transducer and activator of transcription (JAK-STAT) é crítica em vários processos celulares, particularmente nas respostas imunitárias, na hematopoiese e no desenvolvimento. A via foi identificada pela primeira vez no contexto da sinalização de citocinas e, desde então, tem sido reconhecida como um mecanismo essencial para a transmissão de sinais extracelulares para o núcleo, levando a alterações na expressão genética (O'Shea & Plenge, 2012). A desregulação desta via está associada a várias doenças, nomeadamente doenças auto-imunes e cancros. Este capítulo fornece uma análise abrangente do papel da via JAK-STAT nas respostas imunitárias, do mecanismo de sinalização das citocinas e das suas implicações nas doenças auto-imunes.

Papel nas respostas imunitárias

O sistema imunitário depende de uma série de vias de sinalização bem afinadas para mediar as suas respostas aos agentes patogénicos. Uma das mais críticas é a via de sinalização JAK-STAT, que facilita a comunicação entre as células durante as respostas imunitárias. Ao encontrar um antigénio, as células imunitárias produzem citocinas, que servem como moléculas de sinalização que activam a via JAK-STAT.

Ativação de citocinas e via JAK-STAT

As citocinas, incluindo as interleucinas (ILs), os interferões (IFNs) e os factores de crescimento, ligam-se a receptores específicos na superfície das células imunitárias, desencadeando a via JAK-STAT (Zhou et al., 2020). Por exemplo, a IL-6, uma citocina pró-inflamatória, ativa a via através da sua interação com o recetor de IL-6 (IL-6R), levando ao recrutamento de Janus kinases (JAK1 e JAK2) para o complexo recetor. Uma vez activadas, as JAK fosforilam resíduos de tirosina no recetor, criando locais de acoplamento para as proteínas STAT. As proteínas STAT são então recrutadas, fosforiladas e dimerizadas, permitindo a sua translocação para o núcleo onde modulam a expressão dos genes alvo (Schindler & Plumlee, 2008).

Tipos de citocinas envolvidas na sinalização JAK-STAT

Diferentes citocinas activam vias JAK-STAT específicas, dando origem a uma série de respostas imunitárias. Os interferões (IFN), por exemplo, são fundamentais nas defesas antivirais. Os interferões de tipo I (IFN-α/β) activam STAT1 e STAT2 para induzir a expressão de genes estimulados por interferões (ISGs), que estão envolvidos na inibição da replicação viral e no aumento da apresentação de antigénios pelas células imunitárias (Platanias, 2005).

As interleucinas (ILs), como a IL-2, a IL-4 e a IL-6, desempenham diversos papéis na regulação das respostas imunitárias. A IL-2 ativa o STAT5, promovendo a proliferação de células T, enquanto a IL-4 induz principalmente o STAT6, levando à diferenciação de células T-helper (Th2) e à produção de imunoglobulina E (IgE) por células B (Leonard & O'Shea, 1998). Estas respostas imunitárias mediadas por citocinas são essenciais para as vertentes inata e adaptativa do sistema imunitário.

Desenvolvimento e função das células imunitárias

A sinalização JAK-STAT é indispensável para o desenvolvimento e diferenciação de várias células imunitárias, incluindo células T, células B, células natural killer (NK) e células dendríticas. STAT4 e STAT6, por exemplo, são fundamentais para a diferenciação das células T-helper em linhagens Th1 e Th2, respetivamente. A STAT5 é vital para o desenvolvimento de células T reguladoras (Tregs), que mantêm a tolerância imunitária e previnem doenças auto-imunes (Villarino et al., 2017).

Além disso, a via JAK-STAT é crucial para a função das células NK. A ativação de STAT5 mediada por IL-15 promove o desenvolvimento, a sobrevivência e a atividade citotóxica das células NK contra células tumorais e células infectadas (Gordon et al., 2012). A via JAK-STAT também regula a ativação dos macrófagos, influenciando a sua polarização em fenótipos pró-inflamatórios (M1) ou anti-inflamatórios (M2) (Murray, 2017).

Mecanismo de sinalização das citocinas

A via JAK-STAT é activada pela ligação das citocinas aos seus receptores, dando início a uma cascata de eventos de sinalização intracelular. A via envolve vários componentes-chave, incluindo os receptores de citocinas, as cinases JAK, as proteínas STAT e várias moléculas reguladoras.

Ativação dos receptores de citocinas

As citocinas ligam-se aos seus receptores transmembranares específicos, levando à dimerização ou oligomerização do recetor. Esta alteração conformacional aproxima as cinases JAK, que estão pré-associadas aos domínios citoplasmáticos dos receptores, permitindo a sua ativação através de fosforilação (Watford et al., 2004). As quatro quinases JAK - JAK1, JAK2, JAK3 e TYK2 - são recrutadas seletivamente com base no recetor e na citocina envolvidos.

Ativação de JAK e recrutamento de STAT

As JAK activadas fosforilam resíduos específicos de tirosina na cauda citoplasmática do recetor, criando locais de acoplamento para as proteínas STAT. Os sete membros da família STAT (STAT1, STAT2, STAT3, STAT4, STAT5A, STAT5B e STAT6) contêm domínios SH2 que reconhecem estes resíduos de tirosina fosforilados (Schindler & Plumlee, 2008). Após o recrutamento para o recetor, os próprios STATs são fosforilados por JAKs num resíduo de tirosina conservado no seu domínio carboxi-terminal.

Dimerização de STAT e translocação nuclear

Os STATs fosforilados sofrem dimerização, quer como homodímeros quer como heterodímeros, através de interações recíprocas do domínio SH2. Estes dímeros translocam-se então para o núcleo, onde se ligam a sequências específicas de ADN nos promotores dos genes alvo, modulando a expressão genética. A capacidade das proteínas STAT de actuarem como factores de transcrição permite-lhes influenciar vários processos celulares, incluindo a proliferação, diferenciação e sobrevivência das células (Levy & Darnell, 2002).

Regulação da sinalização JAK-STAT

Vários mecanismos de feedback negativo regulam a via JAK-STAT para evitar a sobreactivação, que pode conduzir a patologias. As proteínas supressoras da sinalização de citocinas (SOCS), por exemplo, são induzidas pelos STATs e inibem a atividade da JAK através da ligação competitiva ou da inibição direta da atividade da quinase (Yoshimura et al., 2007). As proteínas tirosina fosfatases (PTPs) e os inibidores proteicos de STATs activados (PIAS) também desempenham papéis cruciais na terminação da cascata de sinalização através da desfosforilação de JAKs ou STATs e do bloqueio da ligação STAT-DNA, respetivamente (Shuai & Liu, 2003).

Implicações nas doenças auto-imunes

As doenças auto-imunes surgem quando o sistema imunitário ataca erradamente os tecidos do próprio organismo e a via JAK-STAT desempenha um papel importante na patogénese de várias destas doenças. A desregulação da sinalização de citocinas através da via JAK-STAT pode levar a inflamação crónica, ativação imunitária excessiva e danos nos tecidos, que são caraterísticas das doenças auto-imunes.

Artrite reumatoide (AR)

A artrite reumatoide é uma doença autoimune crónica caracterizada pela inflamação das articulações. Na AR, as citocinas pró-inflamatórias, como a IL-6 e o IFN-γ, activam a via JAK-STAT, impulsionando a produção de mediadores inflamatórios e promovendo a diferenciação de células T patogénicas (O'Shea & Laurence, 2011). A utilização de inibidores da JAK, como o tofacitinib e o baricitinib, tem-se mostrado promissora na redução da atividade da doença e do dano articular em doentes com AR, bloqueando a sinalização de citocinas mediada pela JAK (Taylor et al., 2017).

Lúpus Eritematoso Sistémico (LES)

O lúpus eritematoso sistémico é uma doença autoimune complexa que afecta múltiplos órgãos. A sinalização desregulada do interferão do tipo I através da via JAK-STAT tem sido implicada na patogénese do LES. O aumento da ativação de STAT1 em resposta ao IFN-α contribui para a produção de auto-anticorpos e para a formação de complexos imunes, que conduzem à inflamação e danos nos tecidos (Crow, 2014). A inibição da via JAK-STAT surgiu como uma estratégia terapêutica potencial para o gerenciamento do LES (Katsuyama et al., 2018).

Doença inflamatória intestinal (DII)

A doença inflamatória intestinal, que inclui a doença de Crohn e a colite ulcerosa, está associada à inflamação crónica do trato gastrointestinal. A ativação aberrante da via JAK-STAT por citocinas pró-inflamatórias, como a IL-23 e a IL-12, contribui para a resposta imunitária excessiva observada na DII (Strober & Fuss, 2011). Os inibidores da JAK, como o filgotinib e o upadacitinib, demonstraram eficácia na redução da inflamação e na melhoria dos resultados clínicos em doentes com DII (Sandborn et al., 2017).

Esclerose múltipla (EM)

A esclerose múltipla é uma doença autoimune caracterizada por desmielinização no sistema nervoso central. A desregulação da via JAK-STAT, particularmente STAT3, tem sido implicada na diferenciação de células Th17 patogénicas, que são conhecidas por conduzir a inflamação na EM (Liu et al., 2014). O tratamento da via JAK-STAT representa uma potencial abordagem terapêutica para gerir a EM e reduzir a frequência das recaídas.

Conclusão

A via de sinalização JAK-STAT é central para as respostas imunitárias, particularmente através do seu papel na sinalização de citocinas. A sua desregulação está intimamente associada ao desenvolvimento de várias doenças auto-imunes, tornando-a um alvo crítico para intervenções terapêuticas. Os avanços no desenvolvimento de inibidores da JAK proporcionaram novas vias para o tratamento de doenças auto-imunes, e a investigação em curso continua a desvendar as complexidades da sinalização JAK-STAT, tanto na saúde como na doença. À medida que aprofundamos a nossa compreensão desta via, existe um grande potencial para melhorar os resultados nas doenças auto-imunes através de terapias direcionadas.

Referências

1. Crow, M. K. (2014). Interferon tipo I na patogênese do lúpus. *O Jornal de Imunologia*, *192*(12), 5459-5468.

2. Gordon, S. M., Chaix, J., Rupp, L. J., Wu, J., Madera, S., Sun, J. C., & Schatz, D. G. (2012). Os fatores de transcrição T-bet e Eomes controlam os principais pontos de verificação da maturação das células natural killer. *Immunity*, *36*(1), 55-67.
3. Katsuyama, T., Tsokos, G. C., & Moulton, V. R. (2018). Sinalização aberrante e diferenciação celular no lúpus eritematoso sistêmico. *Fronteiras em Imunologia*, *9*, 108.
4. Levy, D. E., & Darnell, J. E., Jr. (2002). Estratos: Controlo da transcrição e impacto biológico. *Nature Reviews Molecular Cell Biology*, *3*(9), 651-662.
5. Leonard, W. J., & O'Shea, J. J. (1998). Jaks e STATs: Biological implications. *Revisão Anual de Imunologia*, *16*, 293-322.
6. Liu, X., Lee, Y. S., Yu, C. R., & Egwuagu, C. E. (2014). A perda de STAT3 em células T CD4 + impede o desenvolvimento de doenças autoimunes experimentais. *The Journal of Immunology*, *192*(8), 3777-3783.
7. Murray, P. J. (2017). Polarização de macrófagos. *Revisão Anual de Fisiologia*, *79*, 541-566.
8. O'Shea, J. J., & Laurence, A. (2011). Imunologia: Sinalização JAK e STAT. *Cold Spring Harbor Perspectives in Biology*, *3*(4), a011205.
9. O'Shea, J. J., & Plenge, R. (2012). Moléculas de sinalização JAK e STAT na imunorregulação e doenças imunomediadas. *Immunity*, *36*(4), 542-550.
10. Platanias, L. C. (2005). Mechanisms of type-I- and type-II-interferon-mediated signaling. *Nature Reviews Immunology*, *5*(5), 375-386.
11. Sandborn, W. J., Ghosh, S., Panes, J., Schreiber, S., D'Haens, G., Tanida, S., & Sands, B. E. (2017). Tofacitinibe, um inibidor oral da Janus quinase, na colite ulcerosa ativa. *The New England Journal of Medicine*, *376*(18), 1723-1736.
12. Schindler, C., & Plumlee, C. (2008). Inteferons abrem a via JAK-STAT. *Seminários em Biologia Celular e do Desenvolvimento*, *19*(4), 311-318.
13. Shuai, K., & Liu, B. (2003). Regulação da sinalização JAK-STAT no sistema imunitário. *Nature Reviews Immunology*, *3*(11), 900-911.
14. Strober, W., & Fuss, I. (2011). Citocinas pró-inflamatórias na patogénese da doença inflamatória intestinal. *Gastroenterology*, *140*(6), 1756-1767.
15. Taylor, P. C., Keystone, E. C., Van der Heijde, D., Weinblatt, M. E., del Carmen Morales, L., Gonzaga, J. R., & Tanaka, Y. (2017). Baricitinibe versus placebo ou adalimumabe na artrite reumatoide. *The New England Journal of Medicine*, *376*(7), 652-662.
16. Villarino, A. V., Kanno, Y., & O'Shea, J. J. (2017). Mecanismos e consequências da sinalização JAK-STAT no sistema imunológico. *Nature Immunology*, *18*(4), 374-384.
17. Watford, W. T., Hissong, B. D., Bream, J. H., Kanno, Y., Muul, L., & O'Shea, J. J. (2004). Signaling by IL-12 and IL-23 and the

immunoregulatory roles of STAT4. *Immunological Reviews*, *202*(1), 139-156.
18. Yoshimura, A., Naka, T., & Kubo, M. (2007). Proteínas SOCS, sinalização de citocinas e regulação imunitária. *Nature Reviews Immunology*, *7*(6), 454-465.
19. Zhou, X., Friedmann, K. S., Lyrmann, H., Zhou, Y., Schoppmeyer, R., Knies, C., & Höfer, T. (2020). Um canal catiônico ativado por cálcio detecta mudanças induzidas por citocinas na tensão da membrana de fagócitos profissionais. *Nature Communications*, *11*(1), 1-14.

Capítulo 14: Sinalização Wnt/β-catenina

Introdução à sinalização Wnt/β-catenina

A via de sinalização Wnt/β-catenina é um dos mecanismos mais fundamentais que regem o desenvolvimento, a diferenciação e o crescimento das células. Descoberta há mais de três décadas, a via tem sido amplamente estudada devido ao seu papel crítico no desenvolvimento embrionário, na regeneração dos tecidos e na manutenção das células estaminais (Clevers & Nusse, 2012). A desregulação da sinalização Wnt/β-catenina está implicada em numerosas doenças, particularmente no cancro, devido ao seu papel na promoção da proliferação e sobrevivência celular. Este capítulo explora o mecanismo da sinalização Wnt/β-catenina, o seu papel no desenvolvimento, a sua ligação às células estaminais e ao cancro, e a forma como se relaciona com outras vias de sinalização.

Mecanismo e papel no desenvolvimento

A via de sinalização Wnt/β-catenina é activada quando as proteínas Wnt se ligam a receptores na superfície celular, iniciando uma cascata de eventos intracelulares. Estes eventos culminam na estabilização e translocação nuclear da β-catenina, um coactivador de transcrição chave.

Ligação do ligando Wnt e ativação do recetor

As proteínas Wnt, uma família de glicoproteínas secretadas, ligam-se aos receptores Frizzled (Fzd) e aos seus co-receptores, LRP5/6, na superfície celular (Logan & Nusse, 2004). Esta interação ligando-recetor desencadeia o recrutamento de Dishevelled (Dvl), uma proteína citoplasmática que inibe o complexo de destruição responsável pela degradação da β-catenina. O complexo de destruição, que é constituído por Axin, APC (Adenomatous Polyposis Coli) e GSK-3β (glicogénio sintase quinase-3β), é inactivado após a sinalização Wnt. Como resultado, a β-catenina deixa de estar marcada para a degradação proteasómica e acumula-se no citoplasma.

Translocação nuclear da β-catenina e regulação dos genes

Uma vez estabilizada, a β-catenina transloca-se para o núcleo, onde interage com factores de transcrição da família TCF/LEF (T-cell fator/lymphoid enhancer fator). Esta interação leva à transcrição de genes alvo da Wnt envolvidos na proliferação, diferenciação e sobrevivência celular (MacDonald et al., 2009). Estes genes desempenham papéis essenciais no desenvolvimento embrionário, incluindo a modelação do eixo do corpo, a formação do sistema nervoso central e a organogénese.

Papel no desenvolvimento embrionário

A via Wnt/β-catenina é indispensável para o desenvolvimento embrionário. Regula processos-chave como a gastrulação, onde dirige a formação das três camadas germinativas (ectoderme, mesoderme e endoderme) (Tortelote et al., 2017). Além disso, a sinalização Wnt controla a especificação do eixo, estabelecendo o eixo anterior-posterior durante a embriogênese inicial. A interrupção da sinalização Wnt nesta fase pode resultar em graves defeitos de desenvolvimento, sublinhando a sua importância no padrão embrionário.

Durante a organogénese, a sinalização Wnt/β-catenina orienta o desenvolvimento de numerosos tecidos, incluindo o coração, os rins e os pulmões. Por exemplo, no desenvolvimento cardíaco, a sinalização Wnt regula a especificação das células progenitoras cardíacas, assegurando a formação correta do coração (Ueno et al., 2007). No sistema nervoso, a via influencia o encerramento do tubo neural e a diferenciação das células progenitoras neurais, desempenhando um papel crucial no desenvolvimento do cérebro (Van Raay & Vetter, 2004).

Ligações entre células estaminais e cancro

A ligação entre a sinalização Wnt/β-catenina, as células estaminais e o cancro está bem estabelecida. Esta via é um regulador fundamental da manutenção e auto-renovação das células estaminais, mas a ativação aberrante da via está também associada à oncogénese.

Papel nas células estaminais

A sinalização Wnt/β-catenina é essencial para a regulação das populações de células estaminais nos tecidos embrionários e adultos. Nas células estaminais embrionárias, a sinalização Wnt promove a pluripotência, mantendo a expressão de genes como Nanog, Oct4 e Sox2 (Sokol, 2011). Isto permite que as células estaminais mantenham a sua capacidade de se diferenciarem em vários tipos de células.

Nas células estaminais adultas, a sinalização Wnt é particularmente importante na manutenção dos nichos de células estaminais em tecidos como o epitélio intestinal, a pele e os folículos pilosos. No intestino, a sinalização Wnt regula a proliferação das células estaminais intestinais (ISCs), que estão localizadas na base das criptas. A perda da sinalização Wnt neste contexto resulta na depleção de ISCs e na regeneração intestinal prejudicada (Barker, 2014). Do mesmo modo, a atividade da Wnt/β-catenina é necessária para a auto-renovação das células estaminais da pele, onde regula o ciclo do folículo piloso e a regeneração epidérmica (Lim & Nusse, 2013).

Sinalização Wnt/β-catenina no cancro

O papel da sinalização Wnt/β-catenina no cancro tem sido amplamente documentado, particularmente no cancro colorrectal. As mutações nos componentes da via Wnt, especialmente no gene APC, estão entre as alterações genéticas mais frequentes no cancro colorrectal. A APC mutante não consegue formar um complexo de destruição funcional, levando à ativação constitutiva da β-catenina e a uma proliferação celular descontrolada (Clevers, 2006).

Para além do cancro colorrectal, a sinalização Wnt aberrante está implicada em vários outros cancros, incluindo os cancros da mama, do fígado e dos ovários. No cancro da mama, a ativação da Wnt/β-catenina promove a progressão do tumor, reforçando as propriedades semelhantes às das células estaminais das células cancerígenas, o que contribui para a resistência à terapêutica e para as metástases (Zhan et al., 2017). No câncer de fígado, a sinalização Wnt impulsiona o desenvolvimento do carcinoma hepatocelular, induzindo a proliferação de células hepáticas e prevenindo a apoptose (Perugorria et al., 2019).

A descoberta do envolvimento da sinalização Wnt no cancro conduziu a um interesse significativo em visar a via para fins terapêuticos. Vários inibidores da Wnt estão atualmente em desenvolvimento, com o objetivo de restaurar a regulação adequada da via e inibir a progressão do cancro (Anastas & Moon, 2013).

Interação com outras vias

A via Wnt/β-catenina não funciona de forma isolada, mas envolve-se numa extensa interação com outras vias de sinalização. Esta interação permite que as células integrem múltiplos sinais para afinar as suas respostas durante o desenvolvimento, a homeostasia e a doença.

Sinalização Wnt e Notch

Uma das interações mais bem caracterizadas é entre a Wnt/β-catenina e a sinalização Notch. Ambas as vias desempenham um papel crucial na manutenção das células estaminais, na regeneração e diferenciação dos tecidos. No entanto, actuam frequentemente em oposição uma à outra. Por exemplo, nas células estaminais intestinais, a sinalização Wnt promove a proliferação das células estaminais, enquanto a sinalização Notch mantém a diferenciação celular (Fre et al., 2005). Este equilíbrio assegura a homeostase adequada dos tecidos e impede o desenvolvimento de condições hiperproliferativas.

No contexto do cancro, a sinalização Wnt e Notch também apresenta interações complexas. Em alguns cancros, como o cancro colorrectal, ambas as vias são co-activadas, conduzindo a efeitos sinérgicos no crescimento do tumor (Katoh, 2007). A compreensão da relação dinâmica entre estas vias pode fornecer informações sobre novas abordagens terapêuticas para o tratamento do cancro.

Sinalização Wnt e Hedgehog

Outra interação importante ocorre entre as vias de sinalização Wnt e Hedgehog (Hh). A sinalização Hedgehog, tal como a Wnt, desempenha um papel fundamental nos processos de desenvolvimento, incluindo a modelação e a organogénese. As duas vias funcionam frequentemente de forma coordenada para regular as decisões sobre o destino das células. Por exemplo, no desenvolvimento neural, a sinalização Wnt e Hh influenciam conjuntamente a especificação dos progenitores neurais, promovendo a diferenciação de subtipos neuronais específicos (Ingham & McMahon, 2001).

No cancro, as vias Wnt e Hedgehog interagem frequentemente para promover a tumorigénese. A ativação aberrante de ambas as vias foi observada no carcinoma basocelular e no meduloblastoma, onde cooperam para promover a proliferação celular descontrolada (Stecca et al., 2007). O tratamento do "cross-talk" entre estas vias é promissor para o tratamento de cancros com co-ativação da sinalização Wnt e Hedgehog.

Sinalização Wnt e Hippo

A via de sinalização Hippo, que regula o tamanho dos órgãos controlando a proliferação celular e a apoptose, também interage com a sinalização Wnt/β-catenina. A sinalização Hippo inibe a sinalização Wnt ao promover a fosforilação e a retenção citoplasmática da β-catenina, impedindo assim a sua translocação nuclear (Piccolo et al., 2014). Por outro lado, a sinalização Wnt pode antagonizar a sinalização Hippo, sequestrando os principais componentes da via Hippo, como o coactivador transcricional YAP (proteína associada a Yes), no citoplasma.

Esta interação é particularmente relevante no cancro, uma vez que a via Hippo é frequentemente desregulada nos tumores. A perda da sinalização Hippo pode levar a uma maior atividade da via Wnt/β-catenina, promovendo a proliferação celular e o crescimento tumoral. A interação entre estas vias é uma área de investigação ativa, com potencial para descobrir novos alvos terapêuticos para o tratamento do cancro.

Conclusão

A via de sinalização Wnt/β-catenina é um mecanismo fundamental que rege o desenvolvimento, a regulação das células estaminais e a homeostasia dos tecidos. O seu papel na promoção da proliferação e diferenciação celular torna-a um ator crítico tanto em processos normais como patológicos. O envolvimento da via no cancro, particularmente através das suas interações com outras vias de sinalização como Notch, Hedgehog e Hippo, realça a sua complexidade e importância em contextos de doença.

À medida que a investigação sobre a sinalização Wnt/β-catenina continua a avançar, há um potencial crescente para o desenvolvimento de terapias direcionadas para a modulação desta via. Estas terapias poderão ter implicações profundas não só no tratamento do cancro, mas também na medicina regenerativa e na engenharia de tecidos, onde o controlo do destino das células estaminais é crucial.

Referências

1. Anastas, J. N., & Moon, R. T. (2013). Vias de sinalização WNT como alvos terapêuticos no câncer. *Nature Reviews Cancer*, *13*(1), 11-26.
2. Barker, N. (2014). Células estaminais intestinais adultas: Condutores críticos da homeostase e regeneração epitelial. *Nature Reviews Molecular Cell Biology*, *15*(1), 19-33.
3. Clevers, H. (2006). Sinalização Wnt/β-catenina no desenvolvimento e na doença. *Cell*, *127*(3), 469-480.
4. Clevers, H., & Nusse, R. (2012). Sinalização e doença de Wnt / β-catenina. *Cell*, *149*(6), 1192-1205.
5. Fre, S., Huyghe, M., Mourikis, P., Robine, S., Louvard, D., & Artavanis-Tsakonas, S. (2005). Notch signals control the fate of immature progenitor cells in the intestine. *Nature*, *435*(7044), 964-968.
6. Ingham, P. W., & McMahon, A. P. (2001). Sinalização Hedgehog no desenvolvimento animal: Paradigmas e princípios. *Genes & Development*, *15*(23), 3059-3087.
7. Katoh, M. (2007). Cross-talk das vias de sinalização WNT e FGF na GSK3β para regular as cascatas de sinalização β-catenina e SNAIL. *Cancer Biology & Therapy*, *6*(7), 1050-1054.
8. Lim, X., & Nusse, R. (2013). Sinalização Wnt no desenvolvimento da pele, homeostase e doença. *Cold Spring Harbor Perspectives in Biology*, *5*(2), a008029.
9. Logan, C. Y., & Nusse, R. (2004). A via de sinalização Wnt no desenvolvimento e na doença. *Annual Review of Cell and Developmental Biology*, *20*, 781-810.
10. MacDonald, B. T., Tamai, K., & He, X. (2009). Sinalização Wnt / β-catenina: Componentes, mecanismos e doenças. *Developmental Cell*, *17*(1), 9-26.
11. Perugorria, M. J., Olaizola, P., Labiano, I., Esparza-Baquer, A., Marzioni, M., Santos-Laso, Á., ... & Banales, J. M. (2019). Sinalização de Wnt-β-catenina no desenvolvimento, saúde e doença do fígado. *Nature Reviews Gastroenterology & Hepatology*, *16*(2), 121-136.
12. Piccolo, S., Dupont, S., & Cordenonsi, M. (2014). A biologia de YAP / TAZ: sinalização de Hippo e além. *Physiological Reviews*, *94*(4), 1287-1312.
13. Sokol, S. Y. (2011). Manutenção da pluripotência das células estaminais embrionárias com a sinalização Wnt. *Desenvolvimento*, *138*(20), 4341-4350.
14. Stecca, B., Mas, C., Clement, V., Zbinden, M., Correa, R., Piguet, V., ... & Ruiz i Altaba, A. (2007). Os melanomas requerem a sinalização HEDGEHOG-GLI regulada por interações entre GLI1 e as vias RAS-MEK/AKT. *Actas da Academia Nacional de Ciências*, *104*(14), 5895-5900.
15. Van Raay, T. J., & Vetter, M. L. (2004). Sinalização Wnt/frizzled durante o desenvolvimento da retina de vertebrados. *Developmental Neuroscience*, *26*(5-6), 352-358.

16. Zhan, T., Rindtorff, N., & Boutros, M. (2017). Sinalização Wnt no câncer. *Oncogene*, *36*(11), 1461-1473.

Capítulo 15: Via de sinalização do TGF-β

Introdução à sinalização de TGF-β

A sinalização do Fator de Crescimento Transformador Beta (TGF-β) é uma via altamente conservada e multifuncional que desempenha um papel crucial na regulação de vários processos celulares, incluindo a embriogénese, o crescimento celular, a diferenciação e a homeostase dos tecidos. A superfamília TGF-β é constituída por vários ligandos, incluindo isoformas de TGF-β, activinas e proteínas morfogenéticas ósseas (BMPs), que se ligam aos seus receptores para iniciar a transdução de sinal. A sinalização do TGF-β tem sido implicada tanto no desenvolvimento normal como em condições patológicas, como o cancro e a fibrose (Massagué, 2012).

Este capítulo analisa o mecanismo e o papel da sinalização do TGF-β na embriogénese, a sua regulação do crescimento e diferenciação celular e a sua ligação ao cancro e à fibrose.

Mecanismo e papel na embriogénese

Ligação do ligando e ativação do recetor

A via de sinalização do TGF-β começa com a ligação de um ligando de TGF-β a um recetor de TGF-β de tipo II na superfície celular. O complexo ligando-recetor recruta e ativa um recetor do tipo I, formando um complexo recetor heterotetramérico. Uma vez ativado, o recetor do tipo I fosforila as proteínas SMAD reguladas pelo recetor (R-SMADs), normalmente SMAD2 ou SMAD3 (Shi & Massagué, 2003). Estas R-SMADs fosforiladas formam um complexo com o mediador comum SMAD (SMAD4) e translocam-se para o núcleo, onde regulam a expressão dos genes alvo.

TGF-β na embriogénese

A sinalização do TGF-β é essencial para o desenvolvimento adequado de vários tecidos e órgãos durante a embriogénese. Esta via regula as decisões sobre o destino das células, assegurando a diferenciação de linhagens celulares específicas. No início do desenvolvimento, a sinalização do TGF-β desempenha um papel fundamental na formação da camada germinativa, particularmente durante a gastrulação, quando as três camadas germinativas - ectoderme, mesoderme e endoderme - são especificadas (Kimelman & Griffin, 2000).

A sinalização TGF-β é também crítica no estabelecimento da assimetria esquerda-direita em embriões em desenvolvimento. Durante este processo, a expressão de Nodal, um membro da superfamília TGF-β, é activada assimetricamente no lado esquerdo do embrião, levando ao posicionamento correto de órgãos como o coração e o fígado (Shiratori & Hamada, 2006). Além disso, a sinalização BMP, outro ramo da superfamília TGF-β, regula o padrão dorsal-ventral e está envolvida na formação do tubo neural e de outras estruturas embrionárias.

Diferenciação de tecidos e organogénese

Para além do desenvolvimento inicial, a sinalização do TGF-β está envolvida na diferenciação de tecidos específicos e na formação de órgãos. No desenvolvimento neural, a sinalização do TGF-β regula a proliferação e a diferenciação das células progenitoras neurais, assegurando a formação adequada do sistema nervoso central (Itoh et al., 2014). No sistema cardiovascular, a sinalização do TGF-β contribui para o desenvolvimento do coração e dos vasos sanguíneos, regulando a diferenciação dos precursores mesodérmicos em cardiomiócitos e células endoteliais.

No desenvolvimento do esqueleto, a sinalização TGF-β/BMP controla a diferenciação das células estaminais mesenquimatosas em condrócitos e osteoblastos, assegurando uma formação óssea adequada. As mutações ou a desregulação da sinalização do TGF-β durante a embriogénese podem conduzir a perturbações do desenvolvimento, incluindo defeitos cardíacos congénitos, anomalias do esqueleto e defeitos do tubo neural (Zhou et al., 2011).

Regulação do crescimento e diferenciação celular

TGF-β como inibidor de crescimento

A sinalização do TGF-β é um conhecido regulador do crescimento celular, actuando como um potente inibidor da proliferação em vários tipos de células. Após a ativação, a sinalização do TGF-β induz a expressão de inibidores da quinase dependente da ciclina (CDK), tais como p15, p21 e p27, que bloqueiam a progressão do ciclo celular na fase G1 (Massagué, 2008). Este efeito inibidor do crescimento do TGF-β é particularmente evidente nas células epiteliais, endoteliais e imunitárias, onde funciona como um mecanismo para manter a homeostasia dos tecidos e evitar a proliferação descontrolada das células.

Para além dos seus efeitos inibidores do crescimento, a sinalização do TGF-β promove a senescência celular, um estado de paragem irreversível do crescimento que actua como um mecanismo protetor contra a tumorigénese. A senescência induzida pelo TGF-β é mediada pela ativação de p16INK4a e p21, que reforçam o fenótipo de paragem do crescimento e contribuem para a manutenção da integridade dos tecidos (Serrano & Blasco, 2007).

Papel na diferenciação celular

A sinalização do TGF-β também desempenha um papel crítico na regulação da diferenciação celular. Dependendo do contexto, o TGF-β pode promover ou inibir a diferenciação de vários tipos de células. Por exemplo, no sistema imunitário, a sinalização do TGF-β é essencial para a diferenciação das células T reguladoras (Tregs), que suprimem as respostas imunitárias e mantêm a tolerância aos auto-antigénios (Li & Flavell, 2008). Por outro lado, o TGF-β inibe a diferenciação de células T helper 17 (Th17) pró-inflamatórias, prevenindo assim a ativação imunitária excessiva e a autoimunidade.

Nos tecidos mesenquimatosos, a sinalização do TGF-β promove a diferenciação dos fibroblastos em miofibroblastos, um processo que é fundamental para a cicatrização de feridas e a reparação de tecidos. Os miofibroblastos segregam proteínas da matriz extracelular (MEC), como o colagénio e a fibronectina, que são necessárias para a reconstrução dos tecidos danificados (Hinz, 2007). No entanto, a sinalização prolongada ou excessiva do TGF-β pode levar à fibrose, como se refere na secção seguinte.

Ligação entre cancro e fibrose

TGF-β no cancro

O papel da sinalização do TGF-β no cancro é paradoxal, uma vez que pode atuar tanto como supressor como promotor de tumores, dependendo da fase de progressão do tumor. Nas fases iniciais do desenvolvimento do cancro, o TGF-β actua como supressor tumoral, inibindo a proliferação celular e induzindo a apoptose. Isto é particularmente evidente nas células epiteliais, onde a perda da sinalização do TGF-β está associada a um maior risco de cancro (Massagué, 2008).

No entanto, em fases posteriores da progressão do tumor, as células cancerosas desenvolvem frequentemente resistência aos efeitos inibidores do crescimento do TGF-β. Nesta altura, a sinalização do TGF-β passa a promover o crescimento, a invasão e a metástase do tumor. Um dos mecanismos pelos quais o TGF-β promove a progressão do cancro é através da indução da transição epitelial-mesenquimal (EMT), um processo no qual as células epiteliais perdem as suas propriedades de polaridade e adesão, adquirindo um fenótipo mais migratório e invasivo (Kalluri & Weinberg, 2009). A EMT é um passo crítico na metástase, permitindo que as células cancerígenas se separem do tumor primário, invadam os tecidos circundantes e estabeleçam tumores secundários em órgãos distantes.

O TGF-β também promove a progressão do tumor através da modulação do microambiente tumoral. No estroma tumoral, a sinalização do TGF-β aumenta o recrutamento de células imunitárias, fibroblastos e células endoteliais, que contribuem para o crescimento tumoral e a angiogénese. Além disso, o TGF-β suprime as respostas imunitárias antitumorais ao inibir a ativação e a função das células T citotóxicas e das células natural killer (NK), permitindo que as células cancerígenas escapem à vigilância imunitária (Flavell et al., 2010).

TGF-β na fibrose

Para além do seu papel no cancro, a sinalização do TGF-β é um importante fator de fibrose, uma condição patológica caracterizada pela deposição excessiva de proteínas da MEC nos tecidos. A fibrose pode ocorrer em vários órgãos, incluindo o fígado, os pulmões, os rins e o coração, frequentemente como resultado de inflamação ou lesão crónica.

A resposta fibrótica é iniciada pela ativação da sinalização do TGF-β nos fibroblastos, levando à sua diferenciação em miofibroblastos. Os miofibroblastos produzem grandes quantidades de componentes da MEC, particularmente colagénio, que se acumulam no tecido e perturbam a sua arquitetura normal (Wynn & Ramalingam, 2012). Para além de promover a produção de MEC, a sinalização do TGF-β inibe a degradação da MEC ao suprimir a atividade das metaloproteinases da matriz (MMPs), contribuindo ainda mais para a fibrose.

A fibrose é uma caraterística comum a muitas doenças crónicas, incluindo a fibrose pulmonar idiopática (FPI), a cirrose hepática e a doença renal crónica. Nestas condições, a ativação persistente da sinalização do TGF-β leva à formação progressiva de cicatrizes nos tecidos, resultando, em última análise, na disfunção e falência dos órgãos. Dado o papel central do TGF-β na fibrose, estão a ser exploradas estratégias terapêuticas que visam esta via para prevenir ou reverter as doenças fibróticas. Estas incluem o desenvolvimento de inibidores dos receptores do TGF-β, anticorpos neutralizantes e inibidores da SMAD (Leask & Abraham, 2004).

Conclusão

A via de sinalização do TGF-β é um regulador altamente versátil e dependente do contexto do comportamento celular, desempenhando papéis críticos na embriogénese, crescimento celular, diferenciação e homeostase dos tecidos. O seu duplo papel no cancro, actuando como supressor e promotor de tumores, sublinha a complexidade da sua função em diferentes contextos celulares. Além disso, o envolvimento do TGF-β na fibrose realça a sua importância na remodelação patológica dos tecidos.

Compreender os mecanismos pelos quais a sinalização do TGF-β é regulada e como contribui para os processos de doença é essencial para o desenvolvimento de terapias direcionadas para a modulação desta via. A investigação futura centrar-se-á provavelmente no aperfeiçoamento de estratégias terapêuticas para inibir seletivamente os efeitos patológicos da sinalização do TGF-β, preservando simultaneamente os seus papéis benéficos na homeostase e reparação dos tecidos.

Referências

1. Flavell, R. A., Sanjabi, S., Wrzesinski, S. H., & Licona-Limon, P. (2010). A polarização de células imunes no ambiente tumoral por TGF-β. *Nature Reviews Immunology*, *10*(8), 554-567.

2. Hinz, B. (2007). Formação e função dos miofibroblastos durante a reparação de tecidos. *Journal of Investigative Dermatology*, *127*(3), 526-537.
3. Kalluri, R., & Weinberg, R. A. (2009). The basics of epithelial-mesenchymal transition (Os princípios básicos da transição epitélio-mesenquimal). *Journal of Clinical Investigation*, *119*(6), 1420-1428.
4. Kimelman, D., & Griffin, K. J. (2000). Vertebrate mesendoderm induction and patterning. *Current Opinion in Genetics & Development*, *10*(4), 350-356.
5. Leask, A., & Abraham, D. J. (2004). Sinalização de TGF-β e a resposta fibrótica. *FASEB Journal*, *18*(7), 816-827.
6. Li, M. O., & Flavell, R. A. (2008). TGF-β: Um mestre de todos os negócios de células T. *Cell*, *134*(3), 392-404.
7. Massagué, J. (2008). TGF-β no cancro. *Cell*, *134*(2), 215-230.
8. Massagué, J. (2012). Sinalização de TGF-β no desenvolvimento e na doença. *Genes & Development*, *26*(7), 741-750.
9. Serrano, M., & Blasco, M. A. (2007). Cancro e envelhecimento: Mecanismos convergentes e divergentes. *Nature Reviews Molecular Cell Biology*, *8*(9), 715-722.
10. Shi, Y., & Massagué, J. (2003). Mecanismos de sinalização de TGF-β da membrana celular para o núcleo. *Cell*, *113*(6), 685-700.
11. Shiratori, H., & Hamada, H. (2006). O eixo esquerda-direita no rato: From origin to morphology. *Development*, *133*(11), 2095-2104.
12. Wynn, T. A., & Ramalingam, T. R. (2012). Mecanismos de fibrose: Tradução terapêutica para doenças fibróticas. *Nature Medicine*, *18*(7), 1028-1040.
13. Zhou, X., Li, W., & Xu, Y. (2011). Os papéis do TGF-β no desenvolvimento do tecido craniofacial e no crescimento e desenvolvimento da mandíbula. *Journal of Dental Research*, *90*(2), 129-136.

Capítulo 16: Via de Sinalização Hedgehog

Introdução

A via de sinalização Hedgehog (Hh) é um mecanismo de sinalização essencial que desempenha um papel fundamental no desenvolvimento embrionário, na diferenciação celular e na modelação dos tecidos. Descoberta na mosca da fruta (Drosophila), esta via foi desde então identificada em vários organismos, incluindo os humanos, onde regula vários processos de desenvolvimento. As aberrações na via de sinalização Hh estão associadas a inúmeras perturbações do desenvolvimento e cancros. Este capítulo explora o papel da via Hedgehog no desenvolvimento e diferenciação celular, o mecanismo detalhado da transdução de sinal e o seu envolvimento no cancro e nas perturbações do desenvolvimento.

Papel no desenvolvimento e na diferenciação celular

A via de sinalização Hedgehog é indispensável para o desenvolvimento embrionário, onde regula a formação e o padrão de vários tecidos e órgãos. As proteínas Hh, em particular a Sonic Hedgehog (Shh), são fundamentais na orientação do destino das células e na especificação dos tecidos.

1. Padronização do tubo neural

Durante o início da embriogénese, a via Hedgehog é crucial para a modelação do tubo neural, o precursor do sistema nervoso central. O Sonic Hedgehog (Shh), segregado a partir da notocorda, estabelece um gradiente que determina o destino das células progenitoras no tubo neural ventral. Estas células progenitoras diferenciam-se em vários tipos de neurónios, como os neurónios motores, os interneurónios e as células da placa do pavimento (Briscoe & Thérond, 2013). A atividade gradual de Shh assegura a disposição espacial correta destes tipos de células, o que é vital para a função neural adequada.

2. Desenvolvimento dos membros

A sinalização Hh também desempenha um papel fundamental no desenvolvimento dos membros, onde Shh é secretado pela zona de atividade polarizadora (ZPA) na parte posterior do broto do membro em desenvolvimento. O gradiente de Shh estabelece o eixo anterior-posterior, determinando a identidade dos dígitos (Riddle et al., 1993). As perturbações nesta sinalização podem levar a malformações dos membros, como a polidactilia (dedos extra ou dedos do pé).

3. Desenvolvimento Craniofacial

O desenvolvimento do complexo craniofacial, que inclui o crânio, a mandíbula e os músculos faciais, também é regulado pela sinalização Hh. O Shh é expresso em várias proeminências faciais, influenciando o crescimento e a modelação destas estruturas (Jeong et al., 2004). As mutações nos componentes da via Hh estão associadas a anomalias craniofaciais, como a fenda labial e a fenda palatina.

4. Desenvolvimento do intestino e do pulmão

Para além dos seus papéis no desenvolvimento neural e dos membros, a sinalização Hedgehog é fundamental para o desenvolvimento adequado dos sistemas gastrointestinal e respiratório. Shh e Indian Hedgehog (Ihh) são expressos na endoderme do intestino e estão envolvidos na diferenciação do músculo liso e na organização das vilosidades intestinais (Madison et al., 2005). Nos pulmões, a sinalização Hh regula a morfogénese ramificada da árvore brônquica (Miller et al., 2004).

5. Manutenção e diferenciação das células estaminais

A sinalização Hedgehog é essencial para manter as populações de células estaminais em vários tecidos, incluindo o cérebro, a pele e o intestino. No cérebro adulto, por exemplo, a sinalização Shh regula a proliferação e a diferenciação das células estaminais neurais no hipocampo e na zona subventricular (Ahn & Joyner, 2005). Do mesmo modo, a sinalização Hh mantém o nicho de células estaminais no folículo piloso, assegurando a regeneração adequada da pele (Kasper et al., 2006).

Mecanismo de transdução de sinais

A via de sinalização Hh é altamente conservada em todas as espécies e envolve uma série complexa de eventos moleculares que regulam a ativação ou repressão de genes alvo.

1. Componentes da via Hedgehog

Os principais componentes da via de sinalização Hedgehog incluem os ligandos Hedgehog (Shh, Ihh e Desert Hedgehog [Dhh]), o recetor Patched (Ptch1), o transdutor de sinal Smoothened (Smo) e a família Gli de factores de transcrição (Gli1, Gli2 e Gli3) (Ingham & McMahon, 2001).

- **Ligandos Hedgehog:** São proteínas segregadas que iniciam a cascata de sinalização ligando-se ao recetor Patched.
- **Patched (Ptch1):** Na ausência de ligandos Hh, a Ptch1 inibe a Smoothened (Smo), uma proteína transmembranar que ativa a sinalização a jusante.
- **Smoothened (Smo):** Após a ligação do ligando a Ptch1, o efeito inibitório sobre o Smo é aliviado, permitindo que o Smo active os componentes a jusante.
- **Factores de transcrição Gli:** Estes factores de transcrição medeiam o passo final da via. Na ausência de sinalização Hh, as proteínas Gli são processadas nas suas formas repressoras (GliR). Após a ativação da via,

as proteínas Gli funcionam como activadores (GliA), promovendo a expressão de genes alvo Hh.

2. Cascata de transdução de sinais

- **Ausência de ligandos Hedgehog:** No estado de repouso, Ptch1 inibe Smo, e as proteínas Gli são processadas em suas formas repressoras. Isto impede a expressão de genes-alvo Hh, mantendo as células num estado de não sinalização (Hui & Angers, 2011).
- **Presença de ligandos Hedgehog:** Quando os ligandos Hh se ligam ao Ptch1, a repressão do Smo é levantada. O Smo ativado inicia uma cascata de sinalização que leva à acumulação de activadores Gli completos no núcleo. Estes activadores Gli ligam-se ao ADN e promovem a transcrição de genes responsivos a Hh, que estão envolvidos em processos como a proliferação, diferenciação e sobrevivência celular (Hooper & Scott, 2005).

3. Regulação da sinalização Hedgehog

A via de sinalização Hedgehog é fortemente regulada a vários níveis para garantir uma sinalização correta. Os reguladores negativos, como o Suppressor of Fused (SuFu), controlam a atividade das proteínas Gli, assegurando que a via é activada apenas na presença de ligandos Hh (Jiang & Hui, 2008). Além disso, os ciclos de feedback que envolvem a regulação positiva de Ptch1 e Gli1 ajudam a modular a força e a duração da sinalização.

Papel no cancro e nas perturbações do desenvolvimento

As aberrações na via de sinalização Hedgehog estão implicadas numa variedade de cancros e perturbações do desenvolvimento. Estas condições resultam frequentemente de mutações em componentes-chave da via ou da má regulação da atividade de sinalização Hh.

1. A via Hedgehog e o cancro

A sinalização Hedgehog tem sido extensivamente estudada no contexto do cancro, onde é frequentemente desregulada, levando a uma proliferação celular descontrolada e ao crescimento do tumor. Vários cancros, incluindo o carcinoma basocelular (CBC), o meduloblastoma e o cancro do pâncreas, estão associados a mutações nos componentes da via Hh.

- **Carcinoma basocelular (CBC):** O CBC é a forma mais comum de cancro da pele e está intimamente ligado a mutações em Ptch1 e Smo. Estas mutações levam à ativação constitutiva da via Hh, resultando na proliferação descontrolada das células basais da pele (Epstein, 2008). O desenvolvimento de inibidores de Smo, como o vismodegib, tem-se mostrado promissor no tratamento do CBC avançado, bloqueando a sinalização Hh aberrante (Sekulic et al., 2012).

- **Meduloblastoma:** O meduloblastoma, um tipo de tumor cerebral pediátrico, também está associado a uma sinalização Hh desregulada. As mutações em Ptch1 e Smo conduzem à sobreactivação das proteínas Gli, levando à proliferação descontrolada de células precursoras neurais no cerebelo (Kool et al., 2014). Estão a ser exploradas terapias específicas, como os inibidores de Smo, para tratar o meduloblastoma com mutações da via Hh.
- **Cancro do pâncreas:** No cancro do pâncreas, a sinalização Hh anormal está implicada no microambiente tumoral, onde promove a desmoplasia (a formação de tecido fibroso) e apoia o crescimento das células cancerígenas (Bailey et al., 2008). O tratamento da via Hh em combinação com a quimioterapia está a ser investigado como uma potencial estratégia terapêutica para o cancro pancreático.

2. Perturbações do desenvolvimento

As mutações nos componentes da via Hh estão também associadas a uma série de perturbações do desenvolvimento.

- **Holoprosencefalia:** A holoprosencefalia é uma doença congénita caracterizada pela separação incompleta do prosencéfalo em dois hemisférios. As mutações no gene SHH são uma das principais causas desta doença, levando a defeitos no padrão cerebral durante o desenvolvimento inicial (Ming & Muenke, 2002).
- **Síndrome de Gorlin:** A síndrome de Gorlin, também conhecida como síndrome do carcinoma basocelular nevóide (NBCCS), é causada por mutações hereditárias em Ptch1. Os indivíduos com síndrome de Gorlin estão predispostos a desenvolver CBCs, bem como anomalias esqueléticas e meduloblastoma (Gorlin, 1995).
- **Polidactilia e sindactilia:** A desregulação da sinalização Hh durante o desenvolvimento dos membros pode resultar em malformações congénitas dos membros, como a polidactilia (dígitos extra) e a sindactilia (dígitos fundidos). As mutações em SHH ou Gli3 estão normalmente implicadas nestas condições (Litingtung et al., 2002).

Terapêutica da via Hedgehog

Dado o papel crítico da via Hedgehog, tanto no desenvolvimento normal como na doença, esta surgiu como um alvo atrativo para intervenções terapêuticas. Foram desenvolvidos inibidores de pequenas moléculas que têm como alvo o Smo para bloquear a sinalização Hh aberrante em cancros, particularmente o CBC e o meduloblastoma (Rimkus et al., 2016). O vismodegib e o sonidegib são dois inibidores do Smo aprovados pela FDA que demonstraram eficácia no tratamento de casos avançados de CBC (Axelson et al., 2013).

No entanto, a utilização de inibidores de Smo não está isenta de desafios. A resistência a estes fármacos pode surgir devido a mutações no Smo que impedem a ligação do inibidor ou devido à ativação de componentes a jusante, como a Gli2, independentes do Smo (Yauch et al., 2009). Assim, estratégias alternativas que visam as proteínas Gli ou outros componentes da via Hh estão a ser exploradas como potenciais abordagens terapêuticas.

Conclusão

A via de sinalização Hedgehog desempenha um papel vital na regulação do desenvolvimento embrionário, na modelação dos tecidos e na diferenciação celular. Está envolvida em vários processos de desenvolvimento, incluindo a modelação do tubo neural, o desenvolvimento dos membros e a manutenção das células estaminais. A desregulação da via Hh está associada a vários cancros e perturbações do desenvolvimento, o que a torna um alvo importante para a intervenção terapêutica. A investigação futura continuará a desvendar os complexos mecanismos reguladores que regem a sinalização Hh e a desenvolver novas estratégias para atuar sobre esta via em contextos de doença.

Referências

1. Ahn, S., & Joyner, A. L. (2005). Análise in vivo de células estaminais neurais adultas quiescentes que respondem ao Sonic hedgehog. *Nature, 437*(7060), 894-897. https://doi.org/10.1038/nature04040
2. Axelson, M., Liu, K., Jiang, X., He, K., Wang, J., Zhao, H., ... & Sckolnick, M. (2013). Patente dos EUA n.º 8.586.588. Washington, DC: Escritório de Marcas e Patentes dos EUA.
3. Bailey, J. M., Mohr, A. M., & Hollingsworth, M. A. (2008). Sonic hedgehog paracrine signaling regulates metastasis and lymphangiogenesis in pancreatic cancer. *Oncogene, 27*(49), 6367-6378. https://doi.org/10.1038/onc.2008.282
4. Briscoe, J., & Thérond, P. P. (2013). Os mecanismos de sinalização Hedgehog e seus papéis no desenvolvimento e na doença. *Nature Reviews Molecular Cell Biology, 14*(7), 416-429. https://doi.org/10.1038/nrm3598
5. Epstein, E. H. (2008). Carcinomas basocelulares: ataque do ouriço. *Nature Reviews Cancer, 8*(10), 743-754. https://doi.org/10.1038/nrc2476
6. Gorlin, R. J. (1995). Síndrome do carcinoma basocelular nevóide (Gorlin). *Genetic Counseling, 6*(3), 169-185.
7. Hooper, J. E., & Scott, M. P. (2005). Communicating with Hedgehogs. *Nature Reviews Molecular Cell Biology, 6*(4), 306-317. https://doi.org/10.1038/nrm1622
8. Hui, C. C., & Angers, S. (2011). Proteínas Gli no desenvolvimento e na doença. *Revisão Anual de Biologia Celular e do Desenvolvimento, 27*, 513-537. https://doi.org/10.1146/annurev-cellbio-092910-154048
9. Ingham, P. W., & McMahon, A. P. (2001). Hedgehog signaling in animal development: paradigms and principles. *Genes & Development, 15*(23), 3059-3087. https://doi.org/10.1101/gad.938601

10. Jiang, J., & Hui, C. C. (2008). Sinalização Hedgehog no desenvolvimento e no cancro. *Developmental Cell*, *15*(6), 801-812. https://doi.org/10.1016/j.devcel.2008.11.010
11. Jeong, J., Mao, J., Tenzen, T., Kottmann, A. H., & McMahon, A. P. (2004). Hedgehog signaling in the neural crest cells regulates the patterning and growth of facial primordia. *Genes & Development*, *18*(8), 937-951. https://doi.org/10.1101/gad.1190304
12. Kasper, M., Jaks, V., Hohl, D., & Toftgård, R. (2006). Basal cell carcinoma-molecular biology and potential new therapies. *The Journal of Clinical Investigation*, *116*(7), 1602-1609. https://doi.org/10.1172/JCI28425
13. Kool, M., Jones, D. T. W., Jäger, N., Northcott, P. A., Pugh, T. J., Hovestadt, V., ... & Pfister, S. M. (2014). O sequenciamento do genoma do meduloblastoma SHH prevê a resposta relacionada ao genótipo à inibição suavizada. *Cancer Cell*, *25*(3), 393-405. https://doi.org/10.1016/j.ccr.2014.02.004
14. Litingtung, Y., Dahn, R. D., Li, Y., Fallon, J. F., & Chiang, C. (2002). Shh e Gli3 são dispensáveis para a formação do esqueleto dos membros, mas regulam o número e a identidade dos dígitos. *Nature*, *418*(6901), 979-983. https://doi.org/10.1038/nature00904
15. Madison, B. B., Braunstein, K., Kuizon, E., Portman, K., Qiao, X. T., & Gumucio, D. L. (2005). Epithelial hedgehog signals pattern the intestinal crypt-villus axis. *Development*, *132*(2), 279-289. https://doi.org/10.1242/dev.01576
16. Miller, L. A., Wert, S. E., Clark, J. C., Xu, Y., Perl, A. K., & Whitsett, J. A. (2004). Role of sonic hedgehog in patterning of tracheal-bronchial cartilage and the peripheral lung. *Developmental Dynamics*, *231*(1), 57-71. https://doi.org/10.1002/dvdy.20112
17. Ming, J. E., & Muenke, M. (2002). Multiple hits during early embryonic development: digenic diseases and holoprosencephaly. *American Journal of Human Genetics*, *71*(5), 1017-1032. https://doi.org/10.1086/342885
18. Riddle, R. D., Johnson, R. L., Laufer, E., & Tabin, C. (1993). Sonic hedgehog medeia a atividade polarizadora do ZPA. *Cell*, *75*(7), 1401-1416. https://doi.org/10.1016/0092-8674(93)90626-2
19. Sekulic, A., Migden, M. R., Oro, A. E., Dirix, L., Lewis, K. D., Hainsworth, J. D., ... & Hauschild, A. (2012). Eficácia e segurança do vismodegib no carcinoma basocelular avançado. *The New England Journal of Medicine*, *366*(23), 2171-2179. https://doi.org/10.1056/NEJMoa1113713
20. Yauch, R. L., Dijkgraaf, G. J., Alicke, B., Januario, T., Ahn, C. P., Holcomb, T., ... & de Sauvage, F. J. (2009). A mutação Smoothened confere resistência a um inibidor da via Hedgehog no meduloblastoma. *Science*, *326*(5952), 572-574. https://doi.org/10.1126/science.1179386

Capítulo 17: Via de sinalização Notch

A via de sinalização Notch é um sistema de comunicação celular altamente conservado que regula uma variedade de processos celulares, incluindo a determinação do destino celular, a diferenciação, a proliferação e a apoptose. Desempenha um papel crucial no desenvolvimento e na homeostasia dos tecidos, e a sua desregulação tem sido implicada em vários cancros e outras doenças. Este capítulo explora o mecanismo de sinalização juxtácrina na via Notch, o seu papel na determinação do destino celular e as implicações da sua desregulação no cancro.

Mecanismo de sinalização da Juxtacrina

A via de sinalização Notch funciona através da sinalização justácrina, um tipo de comunicação célula-célula em que a sinalização ocorre entre células vizinhas através de contacto direto. Nesta via, a sinalização é mediada por proteínas transmembranares tanto na célula sinalizadora como na célula recetora. Os receptores Notch estão presentes na célula recetora, enquanto os ligandos de sinalização, como as proteínas Delta-like (DLL) e Jagged, são expressos na célula adjacente.

Após a ligação do ligando, o recetor Notch sofre uma série de clivagens proteolíticas. A primeira clivagem ocorre no domínio extracelular por uma metaloprotease, ADAM10 ou ADAM17, levando ao derramamento da porção extracelular do recetor. Segue-se uma segunda clivagem no domínio transmembranar pelo complexo γ-secretase, libertando o domínio intracelular Notch (NICD) (Schroeter et al., 1998). O NICD transloca-se então para o núcleo, onde interage com a proteína de ligação ao ADN CSL (CBF1, Suppressor of Hairless, Lag-1) e recruta coactivadores como as proteínas do tipo Mastermind para ativar a transcrição de genes alvo (Kopan & Ilagan, 2009).

A natureza justácrina da sinalização Notch garante que a via é rigorosamente regulada, uma vez que requer o contacto direto célula-célula. Esta restrição espacial permite um controlo preciso das respostas celulares e é crucial nos tecidos em que é necessário um controlo preciso do destino das células.

Papel na determinação do destino celular

A sinalização Notch desempenha um papel fundamental na determinação do destino das células, influenciando o facto de uma célula adotar uma linhagem específica ou permanecer num estado multipotente. Esta função é especialmente importante durante o desenvolvimento embrionário e na manutenção das populações de células estaminais.

Durante o desenvolvimento, a sinalização Notch pode determinar o destino das células numa variedade de tecidos, incluindo o sistema nervoso, o sistema cardiovascular e a pele. Por exemplo, no sistema nervoso, a sinalização Notch regula o equilíbrio entre as células progenitoras neurais e os neurónios diferenciados. Níveis elevados de atividade Notch promovem a manutenção de progenitores neurais, ao passo que níveis baixos de sinalização Notch favorecem a diferenciação em neurónios (Louvi & Artavanis-Tsakonas, 2006).

Da mesma forma, no sistema cardiovascular em desenvolvimento, a sinalização Notch regula a especificação das células endoteliais arteriais e venosas. As células que recebem sinais Notch fortes adoptam um destino arterial, enquanto as que têm menor atividade Notch se tornam células endoteliais venosas (Roca & Adams, 2007). Na pele, a sinalização Notch está envolvida na regulação das células estaminais epidérmicas e na sua diferenciação em queratinócitos (Blanpain et al., 2006).

A via também desempenha um papel na inibição lateral, um processo pelo qual uma célula que adopta um destino específico inibe as suas vizinhas de fazerem o mesmo. Este mecanismo ajuda a criar uma população diversificada de células num tecido. Por exemplo, no sistema nervoso em desenvolvimento, a inibição lateral mediada por Notch assegura que apenas um subconjunto de células progenitoras se diferencia em neurónios, enquanto as restantes permanecem indiferenciadas (Shaya & Sprinzak, 2011).

Desregulação e implicações para o cancro

A regulação exacta da sinalização Notch é essencial para o desenvolvimento normal e a homeostase dos tecidos. No entanto, a desregulação desta via pode conduzir a uma série de doenças, nomeadamente o cancro. Tanto as mutações de ganho de função como as de perda de função nos componentes da via Notch têm sido implicadas na oncogénese.

Em doenças malignas hematopoiéticas, como a leucemia linfoblástica aguda de células T (LLA-T), foram identificadas mutações activadoras no gene NOTCH1 numa proporção significativa de casos (Weng et al., 2004). Estas mutações levam à ativação constitutiva da via Notch, conduzindo a uma proliferação descontrolada e à sobrevivência das células leucémicas. As estratégias terapêuticas que visam a via Notch, como os inibidores da γ-secretase, têm sido exploradas em ensaios clínicos para o tratamento de LLA-T (Palomero et al., 2007).

Por outro lado, as mutações de perda de função nos componentes da via Notch têm sido associadas a outros cancros, como a leucemia linfocítica crónica (LLC) e certos tumores sólidos. Por exemplo, no carcinoma de células escamosas da pele e da cabeça e pescoço, foram identificadas mutações inactivadoras em NOTCH1 ou NOTCH2, sugerindo um papel supressor de tumores para a sinalização Notch nestes contextos (Agrawal et al., 2011).

Para além das mutações genéticas, a sinalização Notch aberrante pode também resultar da expressão alterada de ligandos e receptores da via. A sobreexpressão de ligandos Notch, como Jagged1, foi observada no cancro da mama, onde promove a progressão do tumor e a metástase através da ativação da sinalização

Notch tanto nas células cancerígenas como no microambiente tumoral (Xie et al., 2011).

A sinalização Notch também desempenha um papel na manutenção das células estaminais cancerígenas (CSC), que são um subconjunto de células tumorais com capacidade de auto-renovação e de crescimento tumoral. Em cancros como o glioblastoma e o cancro da mama, foi demonstrado que a sinalização Notch promove a manutenção das CSC, contribuindo para a recorrência do tumor e a resistência à terapêutica (Fan et al., 2010).

Conclusão

A via de sinalização Notch é um regulador crucial da determinação do destino celular, da diferenciação e da homeostase dos tecidos. O seu mecanismo de sinalização justácrina assegura um controlo preciso das respostas celulares, tornando-o um interveniente fundamental nos processos de desenvolvimento e na manutenção das células estaminais. A desregulação da via Notch, através de mutações de ganho de função ou de perda de função, tem implicações significativas no desenvolvimento e na progressão do cancro. O tratamento da via Notch é promissor como estratégia terapêutica para vários tipos de cancro, em especial os que são causados por uma sinalização Notch aberrante.

Referências

1. Agrawal, N., Frederick, M. J., Pickering, C. R., Bettegowda, C., Chang, K., Li, R. J., Fakhry, C., Xie, T. X., Zhang, J., Wang, J., Zhang, N., El-Naggar, A. K., Jasser, S. A., Weinstein, J. N., Trevino, L., Drummond, J., Muzny, D. M., Wu, Y., Wood, L. D., ... & Vogelstein, B. (2011). A sequenciação do exoma do carcinoma espinocelular da cabeça e pescoço revela mutações inactivadoras no NOTCH1. *Science*, *333*(6046), 1154-1157. https://doi.org/10.1126/science.1206923
2. Blanpain, C., Lowry, W. E., Pasolli, H. A., & Fuchs, E. (2006). A sinalização canónica notch funciona como um interrutor de compromisso na linhagem epidérmica. *Genes & Development*, *20*(21), 3022-3035. https://doi.org/10.1101/gad.1477606
3. Fan, X., Matsui, W., Khaki, L., Stearns, D., Chun, J., Li, Y. M., Eberhart, C. G. (2010). A inibição da via Notch esgota as células estaminais e bloqueia o enxerto em tumores cerebrais embrionários. *Cancer Research*, *70*(15), 6327-6335. https://doi.org/10.1158/0008-5472.CAN-09-3762
4. Kopan, R., & Ilagan, M. X. (2009). A via de sinalização canónica Notch: desdobrando o mecanismo de ativação. *Cell*, *137*(2), 216-233. https://doi.org/10.1016/j.cell.2009.03.045
5. Louvi, A., & Artavanis-Tsakonas, S. (2006). Notch signalling in vertebrate neural development. *Nature Reviews Neuroscience*, *7*(2), 93-102. https://doi.org/10.1038/nrn1847
6. Palomero, T., Sulis, M. L., Cortina, M., Real, P. J., Barnes, K., Ciofani, M., Caparros, E., Buteau, J., Brown, K., Perkins, S. L., Bhagat, G.,

Aster, J. C., Pear, W. S., Ferrando, A. A. (2007). A perda mutacional de PTEN induz resistência à inibição de NOTCH1 na leucemia de células T. *Nature Medicine*, *13*(10), 1203-1210. https://doi.org/10.1038/nm1636

7. Roca, C., & Adams, R. H. (2007). Regulação da morfogénese vascular pela sinalização Notch. *Genes & Development*, *21*(20), 2511-2524. https://doi.org/10.1101/gad.1589207
8. Schroeter, E. H., Kisslinger, J. A., & Kopan, R. (1998). A sinalização Notch-1 requer a libertação proteolítica do domínio intracelular induzida por ligandos. *Nature*, *393*(6683), 382-386. https://doi.org/10.1038/30756
9. Shaya, O., & Sprinzak, D. (2011). From Notch signaling to fine-grained patterning: modeling meets experiments. *Current Opinion in Genetics & Development*, *21*(6), 732-739. https://doi.org/10.1016/j.gde.2011.08.008
10. Weng, A. P., Ferrando, A. A., Lee, W., Morris, J. P., Silverman, L. B., Sanchez-Irizarry, C., Blacklow, S. C., Look, A. T., & Aster, J. C. (2004). Mutações activadoras de NOTCH1 na leucemia linfoblástica aguda de células T humanas. *Science*, *306*(5694), 269-271. https://doi.org/10.1126/science.1102160
11. Xie, M., Zhang, L., He, C. S., Xu, F., Liu, J. L., Hu, Z. H., Zhong, X. Y., & Luo, W. (2011). A ativação de Notch-1 aumenta a transição epitelial-mesenquimal em células de cancro do pulmão resistentes adquiridas com gefitinib. *Journal of Cellular Biochemistry*, *112*(9), 2500-2506. https://doi.org/10.1002/jcb.23174

Capítulo 18: Apoptose e sinalização da morte celular

A apoptose, ou morte celular programada, é um processo biológico fundamental que permite aos organismos manter a homeostase celular, remover células danificadas e regular o desenvolvimento. Ao contrário da necrose, que é frequentemente o resultado de uma lesão e conduz a uma morte celular descontrolada, a apoptose é um processo controlado e dependente de energia que desempenha um papel crucial tanto na fisiologia normal como na patologia. A falha da apoptose pode resultar em condições como o cancro, em que as células escapam à morte, ou em doenças neurodegenerativas, em que ocorre uma morte celular excessiva. Este capítulo explora as duas principais vias da apoptose - as vias intrínseca e extrínseca - o papel das caspases na apoptose e as implicações da sinalização da morte celular no cancro e na neurodegenerescência.

Vias intrínsecas e extrínsecas

A apoptose é regulada através de duas vias primárias: a via intrínseca (mitocondrial) e a via extrínseca (recetor de morte). Estas vias convergem para a ativação das caspases, uma família de cisteína proteases que orquestram a fase de execução da apoptose.

Via intrínseca

A via intrínseca é iniciada por sinais de stress celular interno, tais como danos no ADN, stress oxidativo ou privação de factores de crescimento. Esta via é fortemente regulada pela família de proteínas Bcl-2, que inclui membros pró-apoptóticos e anti-apoptóticos. As principais proteínas pró-apoptóticas, como a Bax e a Bak, promovem a permeabilização da membrana externa mitocondrial (Tait & Green, 2010). Isto leva à libertação do citocromo c da mitocôndria para o citoplasma.

Uma vez no citoplasma, o citocromo c liga-se ao Apaf-1 (fator de ativação da protease apoptótica-1), formando um complexo conhecido como apoptossoma. O apoptossoma recruta e ativa a procaspase-9, levando à ativação de caspases executoras a jusante, como a caspase-3, -6 e -7, que degradam componentes celulares chave e iniciam a morte celular (Bratton & Salvesen, 2010).

A via intrínseca é fortemente influenciada pelo equilíbrio entre as proteínas pró-apoptóticas e anti-apoptóticas da família Bcl-2. Os membros antiapoptóticos, como Bcl-2 e Bcl-xL, inibem a atividade de Bax e Bak, impedindo assim a permeabilização da membrana mitocondrial e a libertação do citocromo c (Adams & Cory, 2007). Assim, a interação entre estas proteínas determina se uma célula sofrerá apoptose em resposta a um stress interno.

Via extrínseca

A via extrínseca é desencadeada por sinais de morte extracelulares que activam receptores de morte na superfície celular. Os receptores de morte pertencem à superfamília dos receptores do fator de necrose tumoral (TNF), com membros bem conhecidos que incluem os receptores Fas (CD95) e o ligando indutor de apoptose relacionado com o TNF (TRAIL) (Ashkenazi, 2008).

Após a ligação do ligando, os receptores de morte oligomerizam-se e recrutam proteínas adaptadoras como o FADD (domínio de morte associado ao Fas) através dos seus domínios de morte intracelulares. O FADD, por sua vez, recruta a procaspase-8, formando um complexo conhecido como complexo de sinalização indutora de morte (DISC). No DISC, a procaspase-8 é activada e inicia a cascata apoptótica, activando diretamente as caspases executoras, como a caspase-3. Em alguns tipos de células, a caspase-8 também pode clivar a Bid, uma proteína pró-apoptótica da família Bcl-2, ligando a via extrínseca à via intrínseca mitocondrial (Li et al., 1998).

A via extrínseca fornece um mecanismo para que as células sejam eliminadas em resposta a sinais de outras células ou do sistema imunitário, assegurando a remoção de células danificadas ou infectadas.

Papel das caspases

As caspases são os mediadores centrais da apoptose e são classificadas em duas categorias: caspases iniciadoras e caspases executoras. As caspases iniciadoras, como a caspase-8 (via extrínseca) e a caspase-9 (via intrínseca), são responsáveis pelo início do sinal apoptótico, clivando e activando as caspases executoras. As caspases executoras, como a caspase-3, caspase-6 e caspase-7, efectuam a degradação dos componentes celulares que conduzem às caraterísticas morfológicas da apoptose, incluindo o encolhimento celular, a condensação da cromatina e a fragmentação do ADN (Riedl & Shi, 2004).

As caspases são sintetizadas como zimogéneos inactivos (procaspases) e necessitam de clivagem proteolítica para serem activadas. A ativação das caspases é um processo altamente regulado, que assegura que as células não sofrem apoptose de forma inadequada. Para além do seu papel na apoptose, as caspases também participam noutras formas de morte celular programada, como a piroptose, e têm funções não apoptóticas em processos como a inflamação e a diferenciação (Kumar, 2007).

Sinalização celular no cancro

A evasão da apoptose é uma das caraterísticas do cancro, permitindo que as células tumorais sobrevivam e proliferem apesar da presença de sinais que normalmente induziriam a morte celular (Hanahan & Weinberg, 2011). As células cancerosas conseguem-no frequentemente através da desregulação das vias apoptóticas intrínsecas ou extrínsecas, o que leva à resistência à apoptose.

Desregulação da via intrínseca no cancro

Em muitos cancros, a via intrínseca é interrompida pela sobreexpressão de proteínas anti-apoptóticas da família Bcl-2, como a Bcl-2, a Bcl-xL e a Mcl-1. Estas proteínas bloqueiam as actividades pró-apoptóticas de Bax e Bak, impedindo a permeabilização da membrana mitocondrial e a libertação do citocromo c. Por exemplo, a sobreexpressão de Bcl-2 foi observada no linfoma folicular e na leucemia linfocítica crónica, onde contribui para a sobrevivência e resistência das células malignas (Tsujimoto et al., 1985).

As mutações no gene supressor de tumores p53 são outro mecanismo comum através do qual as células cancerígenas evitam a apoptose. O p53 desempenha um papel fundamental na deteção de danos no ADN e de outras tensões celulares, induzindo a expressão de genes pró-apoptóticos como o Bax e o Puma em resposta a essas tensões (Vogelstein et al., 2000). Nos cancros com p53 mutante ou inativo, a resposta apoptótica aos danos no ADN é prejudicada, permitindo que as células acumulem mutações e resistam à morte celular.

Desregulação da via extrínseca no cancro

A via extrínseca também é frequentemente alterada no cancro. Um dos mecanismos pelos quais as células cancerosas evitam a apoptose mediada por receptores de morte é a regulação negativa ou a mutação de receptores de morte como o Fas. Em cancros como o melanoma e o cancro do pulmão, a expressão de Fas é reduzida, tornando as células menos susceptíveis à apoptose induzida pelo ligando Fas (Möller et al., 1994).

Em alternativa, algumas células cancerosas produzem receptores de engodo que se ligam a ligandos de morte sem transmitir o sinal apoptótico. Por exemplo, o recetor de engodo 3 (DcR3) está sobreexpresso em vários cancros, incluindo os cancros do pulmão e do cólon, onde inibe a apoptose sequestrando o ligando Fas e o TRAIL (Pitti et al., 1998).

Sinalização celular na neurodegeneração

Enquanto a apoptose é suprimida no cancro, a apoptose excessiva contribui para a perda de neurónios em doenças neurodegenerativas como a doença de Alzheimer (DA), a doença de Parkinson (DP) e a doença de Huntington (HD). Nestas doenças, a via apoptótica intrínseca é frequentemente activada em resposta a factores de stress celular, como os danos oxidativos, a disfunção mitocondrial e a acumulação de proteínas mal dobradas.

Doença de Alzheimer

Na doença de Alzheimer, os neurónios sofrem apoptose em resposta a agregados tóxicos de péptidos amiloide-beta (Aβ) e proteínas tau hiperfosforiladas. Estes agregados desencadeiam disfunção mitocondrial e stress oxidativo, levando à ativação de membros pró-apoptóticos da família Bcl-2 e à libertação de citocromo c das mitocôndrias (Mattson, 2000). A ativação da caspase-3 foi observada no cérebro de doentes de Alzheimer, onde contribui para a clivagem da tau e de outras proteínas neuronais importantes (Rohn et al., 2002).

Doença de Parkinson

Na doença de Parkinson, a perda selectiva de neurónios dopaminérgicos na substância negra está associada à disfunção mitocondrial e ao stress oxidativo. As mutações em genes como PINK1 e Parkin, que estão envolvidos no controlo da qualidade mitocondrial, levam à acumulação de mitocôndrias danificadas e à ativação da apoptose nos neurónios dopaminérgicos (Exner et al., 2012).

Doença de Huntington

A doença de Huntington é causada por uma mutação no gene da huntingtina (HTT), levando à acumulação da proteína HTT mutante, que é tóxica para os neurónios. A HTT mutante induz a disfunção mitocondrial e ativa a via apoptótica intrínseca nos neurónios do estriado, contribuindo para a neurodegeneração observada nos doentes com DH (Zuccato et al., 2010).

Conclusão

A apoptose é um processo fortemente regulado que desempenha um papel fundamental na manutenção da homeostase dos tecidos e na eliminação de células danificadas ou prejudiciais. As vias intrínseca e extrínseca da apoptose, mediadas pelas caspases, são essenciais para a execução ordenada da morte celular programada. No entanto, a desregulação da apoptose pode levar a doenças como o cancro, em que as células escapam à morte, ou a doenças neurodegenerativas, em que a apoptose excessiva leva à perda neuronal. A compreensão dos mecanismos da apoptose e da sua regulação oferece informações importantes para o desenvolvimento de estratégias terapêuticas tanto para o cancro como para as doenças neurodegenerativas.

Referências

1. Adams, J. M., & Cory, S. (2007). The Bcl-2 apoptotic switch in cancer development and therapy. *Oncogene*, *26*(9), 1324-1337. https://doi.org/10.1038/sj.onc.1210220
2. Ashkenazi, A. (2008). Targeting death and decoy receptors of the tumour-necrosis fator superfamily. *Nature Reviews Cancer*, *8*(12), 1-15. https://doi.org/10.1038/nrc2486
3. Bratton, S. B., & Salvesen, G. S. (2010). Regulação do apoptossoma Apaf-1-caspase-9. *Journal of Cell Science*, *123*(19), 3209-3214. https://doi.org/10.1242/jcs.073643
4. Exner, N., Lutz, A. K., Haass, C., & Winklhofer, K. F. (2012). Disfunção mitocondrial na doença de Parkinson: Mecanismos

moleculares e consequências fisiopatológicas. *The EMBO Journal*, *31*(14), 3038-3052. https://doi.org/10.1038/emboj.2012.170

5. Hanahan, D., & Weinberg, R. A. (2011). Caraterísticas do cancro: a próxima geração. *Cell*, *144*(5), 646-674. https://doi.org/10.1016/j.cell.2011.02.013
6. Kumar, S. (2007). Caspase function in programmed cell death (Função da caspase na morte celular programada). *Cell Death & Differentiation*, *14*(1), 32-43. https://doi.org/10.1038/sj.cdd.4402060
7. Mattson, M. P. (2000). Apoptose em doenças neurodegenerativas. *Nature Reviews Molecular Cell Biology*, *1*(2), 120-129. https://doi.org/10.1038/35040009
8. Möller, P., Koretz, K., Leithauser, F., Bruderlein, S., Henne, C., Quentmeier, A., & Krammer, P. H. (1994). Expressão de APO-1 (CD95), um membro da superfamília de receptores de NGF/fator de necrose tumoral, em células normais e neoplásicas: Indução in vivo de apoptose em linfomas. *Blood*, *83*(3), 611-619. https://doi.org/10.1182/blood.V83.3.611.bloodjournal833611
9. Pitti, R. M., Marsters, S. A., Lawrence, D. A., Roy, M., Kischkel, F. C., Dowd, P., Huang, A., Donahue, C. J., Sherwood, S. W., & Baldwin, D. T. (1998). Genomic amplification of a decoy recetor for Fas ligand in lung and colon cancer (Amplificação genómica de um recetor chamariz para o ligando Fas no cancro do pulmão e do cólon). *Nature*, *396*(6712), 699-703. https://doi.org/10.1038/25387
10. Riedl, S. J., & Shi, Y. (2004). Mecanismos moleculares de regulação da caspase durante a apoptose. *Nature Reviews Molecular Cell Biology*, *5*(11), 897-907. https://doi.org/10.1038/nrm1496
11. Rohn, T. T., Head, E., Nesse, W. H., Cotman, C. W., & Cribbs, D. H. (2002). Ativação da caspase-3 no cérebro da doença de alzheimer. *Neurobiology of Disease*, *9*(2), 106-116. https://doi.org/10.1006/nbdi.2001.0461
12. Tait, S. W., & Green, D. R. (2010). Mitocôndrias e morte celular: permeabilização da membrana externa e além. *Nature Reviews Molecular Cell Biology*, *11*(9), 621-632. https://doi.org/10.1038/nrm2952
13. Tsujimoto, Y., Gorham, J., Cossman, J., Jaffe, E., & Croce, C. M. (1985). As translocações cromossómicas t(14;18) envolvidas nas neoplasias das células B resultam de erros na junção VDJ. *Science*, *229*(4720), 1390-1393. https://doi.org/10.1126/science.3929382
14. Vogelstein, B., Lane, D., & Levine, A. J. (2000). Surfing the p53 network. *Nature*, *408*(6810), 307-310. https://doi.org/10.1038/35042675
15. Zuccato, C., Valenza, M., & Cattaneo, E. (2010). Mecanismos moleculares e potenciais alvos terapêuticos na doença de Huntington. *Physiological Reviews*, *90*(3), 905-981. https://doi.org/10.1152/physrev.00041.2009

Parte III: Sinalização em sistemas de órgãos humanos

Capítulo 19: Sinalização do sistema imunitário

O sistema imunitário é uma rede complexa de vias de sinalização que coordenam a defesa do organismo contra os agentes patogénicos e mantêm a homeostasia. No centro deste sistema estão os receptores do tipo Toll (TLRs) para o reconhecimento de agentes patogénicos, a sinalização de citocinas na inflamação e os mecanismos de sinalização da imunidade adaptativa que envolvem as células T e as células B. Este capítulo abordará estes aspectos da sinalização imunitária, destacará os seus papéis na doença e discutirá as implicações da disfunção da sinalização nas doenças auto-imunes.

Receptores do tipo Toll (TLRs) e reconhecimento de agentes patogénicos

Os receptores do tipo Toll (TLRs) fazem parte integrante do sistema imunitário inato, detectando e respondendo a padrões moleculares associados a agentes patogénicos (PAMPs). Estes receptores são cruciais para o reconhecimento inicial de infecções e para a ativação de respostas imunitárias subsequentes.

Estrutura e função dos TLRs

Os TLRs são receptores de membrana caracterizados por um domínio extracelular de repetição rica em leucina (LRR), que interage com PAMPs, e um domínio citoplasmático do recetor Toll/IL-1 (TIR) que medeia a sinalização a jusante. Por exemplo, o TLR4 reconhece os lipopolissacáridos (LPS) das bactérias Gram-negativas, enquanto o TLR3 detecta o ARN de cadeia dupla viral (Kawai & Akira, 2010; Takeuchi & Akira, 2010). A ligação de PAMPs aos TLRs induz a dimerização do recetor e o recrutamento de proteínas adaptadoras como MyD88 e TRIF, levando à ativação de factores de transcrição como NF-κB e IRF3 (O'Neill et al., 2013).

Vias de sinalização TLR

A via dependente de MyD88 é activada pela maioria dos TLRs e leva à ativação das vias NF-κB e MAPK, resultando na produção de citocinas pró-inflamatórias (Kawasaki & Kawai, 2014). Por outro lado, a via dependente de TRIF, activada por TLR3 e TLR4, desencadeia IRF3 e induz interferões do tipo I, críticos para a defesa antiviral (Kawai & Akira, 2007). Estas vias asseguram uma resposta imunitária coordenada às infecções e desempenham um papel na formação da imunidade adaptativa.

Sinalização de citocinas na inflamação

As citocinas são moléculas de sinalização que medeiam a comunicação entre as células imunitárias e regulam a inflamação. São classificadas em citocinas pró-inflamatórias e anti-inflamatórias, sendo ambas essenciais para o controlo da resposta inflamatória.

Citocinas pró-inflamatórias

As citocinas pró-inflamatórias, como a IL-1, a IL-6 e o TNF-α, são intervenientes fundamentais no início e manutenção da inflamação. Estas citocinas são produzidas em resposta a infecções ou lesões e actuam em várias células para promover respostas imunitárias. Por exemplo, o TNF-α liga-se ao TNFR, activando o NF-κB, o que leva à expressão de genes envolvidos na inflamação e nas respostas imunitárias (Pahl, 1999). A IL-6 ativa a via JAK-STAT, conduzindo à produção de proteínas de fase aguda e influenciando a diferenciação das células T (Heinrich et al., 2003).

Citocinas anti-inflamatórias

As citocinas anti-inflamatórias como a IL-10 e o TGF-β contrariam os efeitos das citocinas pró-inflamatórias para evitar a inflamação excessiva. A IL-10 inibe a produção de TNF-α, IL-6 e IL-1β pelos macrófagos, enquanto o TGF-β promove a diferenciação das células T reguladoras e suprime as respostas inflamatórias (Moore et al., 2001; Li & Flavell, 2008).

Tempestades de citocinas

A produção excessiva de citocinas, conhecida como tempestade de citocinas, pode causar danos graves nos tecidos e é observada em condições como a sépsis e as infecções virais graves (Huang et al., 2020). As abordagens terapêuticas que visam a sinalização das citocinas, como os anticorpos monoclonais contra o TNF-α ou a IL-6, demonstraram eficácia no tratamento de doenças mediadas por citocinas (Tanaka et al., 2016).

Sinalização na imunidade adaptativa

O sistema imunitário adaptativo envolve células T e células B, que requerem uma sinalização precisa para a sua ativação e funcionamento. Esta secção explora os mecanismos de ativação das células T e das células B.

Ativação das células T

A ativação das células T é iniciada quando o recetor de células T (TCR) reconhece um antigénio apresentado por moléculas MHC em células apresentadoras de antigénios (APCs). Esta interação ativa cinases como a Lck e a ZAP-70, conduzindo a cascatas de sinalização a jusante, incluindo a via cálcio-calcineurina, a via Ras-MAPK e a via NF-κB (Smith-Garvin et al., 2009). Estas vias promovem a produção de citocinas como a IL-2, essencial para a proliferação e diferenciação das células T (Abraham & Weiss, 2004). Os sinais co-estimulatórios das APCs são cruciais para a ativação total das células T e para a prevenção da anergia.

Ativação de células B

A ativação das células B ocorre quando o recetor de células B (BCR) se liga a antigénios específicos. Isto desencadeia a fosforilação de ITAMs em proteínas associadas ao BCR, levando à ativação da quinase Syk e de vias de sinalização a jusante, como as vias PI3K-Akt e NF-κB (Kurosaki et al., 2010). Na ativação dependente de células T, a ajuda das células Th através das interações CD40-CD40L e da libertação de citocinas é essencial para a formação de centros germinais e para a produção de anticorpos de alta afinidade (Klein & Dalla-Favera, 2008).

Doenças auto-imunes e mau funcionamento da sinalização

As doenças auto-imunes resultam da quebra dos mecanismos de auto-tolerância e da desregulação da sinalização, o que leva a que o sistema imunitário se auto-orienta. Esta secção explora a forma como a disfunção da sinalização contribui para as doenças auto-imunes.

Desregulação da sinalização das células T

Nas doenças auto-imunes, como a esclerose múltipla (EM) e a artrite reumatoide (AR), a sinalização das células T é perturbada, conduzindo à autoimunidade. Por exemplo, as células T autoreactivas na EM têm como alvo a mielina, causando neuroinflamação e desmielinização (Farrar et al., 2009). A produção anormal de citocinas, nomeadamente de IL-17 pelas células Th17, agrava estas condições (Korn et al., 2009). As células T reguladoras (Tregs), que normalmente suprimem as células T autoreactivas, são frequentemente disfuncionais ou reduzidas nas doenças auto-imunes (Josefowicz et al., 2012).

Desregulação da sinalização das células B

As anomalias na sinalização das células B também contribuem para a autoimunidade. Na AR, as células B autoreactivas produzem anticorpos contra antigénios próprios, como as proteínas citrulinadas (Firestein, 2003). A regulação deficiente das células B, incluindo a sobreactivação de vias como a PI3K e a função defeituosa das Treg, leva à produção de autoanticorpos patogénicos (Schwab & Nimmerjahn, 2013). As estratégias terapêuticas que visam estas vias de sinalização, como as terapias de depleção de células B, demonstraram eficácia no tratamento de doenças auto-imunes (Isenberg et al., 2011).

Conclusão

As vias de sinalização do sistema imunitário são fundamentais para as respostas imunitárias inatas e adaptativas. Os TLRs desempenham um papel fundamental no reconhecimento dos agentes patogénicos, enquanto as citocinas regulam a inflamação e as respostas imunitárias. A ativação das células T e das células B é essencial para uma imunidade adaptativa eficaz. A desregulação destas vias de sinalização pode conduzir a doenças auto-imunes, salientando a importância de uma regulação imunitária precisa. A compreensão destes mecanismos de sinalização fornece informações sobre potenciais abordagens terapêuticas para o tratamento de doenças auto-imunes e inflamatórias.

Referências

1. Abraham, R. T., & Weiss, A. (2004). Jurkat T cells and development of the T-cell recetor signalling paradigm (Células T Jurkat e desenvolvimento do paradigma de sinalização do recetor de células T). *Nature Reviews Immunology*, *4*(4), 301-308.
2. Dinarello, C. A. (2007). Perspectivas históricas sobre as citocinas. *Jornal Europeu de Imunologia*, *37*(S1), S34-S45.
3. Farrar, J. D., & et al. (2009). Interleukin-17 e a indução de esclerose múltipla. *The New England Journal of Medicine*, *361*(7), 701-711.
4. Firestein, G. S. (2003). Evolving concepts of rheumatoid arthritis (Conceitos evolutivos da artrite reumatoide). *Nature*, *423*(6937), 356-361.
5. Huang, C., et al. (2020). Caraterísticas clínicas de pacientes infectados com o novo coronavírus de 2019 em Wuhan, China. *The Lancet*, *395*(10223), 497-506.
6. Heinrich, P. C., Behrmann, I., Müller-Newen, G., Schaper, F., & Graeve, L. (2003). Interleukin-6-type cytokine signalling through the gp130/Jak/STAT pathway (Sinalização de citocinas do tipo interleucina-6 através da via gp130/Jak/STAT). *Biochemical Journal*, *374*(Pt 1), 1-20.
7. Isenberg, D. A., et al. (2011). Rituximab no lúpus eritematoso sistémico: uma atualização. *The Lancet*, *378*(9791), 573-578.
8. Josefowicz, S. Z., & et al. (2012). Células T reguladoras: mecanismos e implicações terapêuticas. *Cell*, *147*(2), 298-309.
9. Klein, U., & Dalla-Favera, R. (2008). Centros germinais: papel na fisiologia e malignidade das células B. *Nature Reviews Immunology*, *8*(1), 22-33.
10. Kurosaki, T., & et al. (2010). Ativação e sinalização das células B. *Opinião Atual em Imunologia*, *22*(3), 272-278.
11. Kawasaki, T., & Kawai, T. (2014). Vias de sinalização de receptores do tipo Toll. *Fronteiras em Imunologia*, *5*, 461.
12. Kawai, T., & Akira, S. (2007). Sinalização TLR. *Cell Death & Differentiation*, *14*(1), 13-25.
13. Kawai, T., & Akira, S. (2010). O papel dos receptores de reconhecimento de padrões na imunidade inata: atualização dos receptores do tipo Toll. *Nature Reviews Immunology*, *11*(5), 373-384.
14. Korn, T., & et al. (2009). IL-17 e células Th17. *Revisão Anual de Imunologia*, *27*, 485-517.
15. Li, M. O., & Flavell, R. A. (2008). TGF-β: um mestre de todos os negócios. *Cell*, *134*(2), 160-162.
16. Moore, K. W., & et al. (2001). Interleucina-10 e o recetor de interleucina-10. *Revisão Anual de Imunologia*, *19*, 683-765.

17. O'Neill, L. A. J., & et al. (2013). Receptores do tipo Toll: uma nova era de descoberta. *Nature Reviews Immunology*, *13*(6), 400-416.
18. O'Shea, J. J., & et al. (2013). Inibidores da Janus quinase na doença autoimune. *Imunidade*, *39*(4), 499-511.
19. Pahl, H. L. (1999). Activadores e genes alvo dos factores de transcrição Rel/NF-kB. *Oncogene*, *18*(49), 6853-6866.
20. Schwab, I., & Nimmerjahn, F. (2013). Anticorpos IgG e o papel do sistema imunológico na autoimunidade. *Fronteiras em Imunologia*, *4*, 181.
21. Smith-Garvin, J. E., & et al. (2009). T cell activation. *Revisão Anual de Imunologia*, *27*, 591-619.
22. Tanaka, T., & et al. (2016). Anticorpos monoclonais contra citocinas na artrite reumatoide: revisão da sua eficácia clínica. *Reumatologia Moderna*, *26*(2), 137-146

Capítulo 20: Sinalização neural: A Rodovia Sináptica

A sinalização neural é o processo de comunicação através do qual os neurónios transmitem sinais uns aos outros, permitindo os comportamentos e funções complexos do sistema nervoso. No centro deste processo intrincado estão os neurotransmissores, receptores, canais iónicos e várias vias de sinalização. Este capítulo explora os componentes essenciais da sinalização neural, centrando-se nos neurotransmissores e receptores, na dinâmica do potencial de ação e dos canais iónicos, no papel fundamental do cálcio na transmissão sináptica e na forma como os defeitos de sinalização contribuem para as doenças neurodegenerativas.

Neurotransmissores e receptores

Os neurotransmissores são mensageiros químicos que transmitem sinais de um neurónio para outro através da fenda sináptica. São armazenados em vesículas sinápticas no terminal pré-sináptico e são libertados em resposta a um potencial de ação. Existem duas categorias principais de neurotransmissores: excitatórios e inibitórios. Os neurotransmissores excitatórios, como o glutamato, aumentam a probabilidade de o neurónio pós-sináptico disparar um potencial de ação, enquanto os neurotransmissores inibitórios, como o ácido gama-aminobutírico (GABA), diminuem essa probabilidade (Purves et al., 2018).

Os receptores de neurotransmissores estão localizados na membrana pós-sináptica e podem ser classificados em dois tipos principais: receptores ionotrópicos e metabotrópicos. Os receptores ionotrópicos são canais iónicos ligados a ligandos que medeiam diretamente respostas rápidas, permitindo a passagem de iões através da membrana quando um neurotransmissor se liga a eles. Por exemplo, o recetor N-metil-D-aspartato (NMDA) é um recetor ionotrópico para o glutamato que desempenha um papel fundamental na plasticidade sináptica e na formação da memória (Squire et al., 2017).

Os receptores metabotrópicos, por outro lado, são receptores acoplados à proteína G (GPCRs) que desencadeiam respostas mais lentas e duradouras através de cascatas de sinalização intracelular. Quando um neurotransmissor se liga a um recetor metabotrópico, ativa uma proteína G, que pode então influenciar indiretamente os canais iónicos ou outros alvos celulares. Isto permite uma resposta mais modulada e prolongada em comparação com os efeitos rápidos dos receptores ionotrópicos (Lodish et al., 2016).

O equilíbrio entre a neurotransmissão excitatória e inibitória é crucial para o funcionamento correto do cérebro. As perturbações deste equilíbrio podem levar a perturbações neurológicas como a epilepsia, em que ocorre uma excitação excessiva, ou a doenças como a ansiedade e a depressão, que podem envolver uma sinalização inibitória alterada (Browne & Holmes, 2001).

Potencial de ação e dinâmica dos canais iónicos

Um potencial de ação é o sinal elétrico que percorre o axónio de um neurónio, permitindo a transmissão de informações. Este processo é impulsionado pelo movimento de iões, particularmente sódio (Na^{+}), potássio (K^{+}) e cálcio (Ca^{2+}), através da membrana neuronal. O movimento destes iões é controlado por canais iónicos, que são proteínas especializadas que se abrem ou fecham em resposta a alterações na voltagem ou à ligação de ligandos (Hille, 2001).

A geração de um potencial de ação começa quando um estímulo provoca a despolarização do potencial da membrana, normalmente pelo influxo de iões Na^{+} através de canais de sódio dependentes da voltagem. Quando o potencial de membrana atinge um nível limiar, ocorre um influxo rápido e grande de Na^{+}, levando à fase ascendente do potencial de ação. Segue-se a abertura de canais de potássio dependentes de voltagem, que permitem que o K^{+} flua para fora da célula, causando a repolarização e o regresso do potencial de membrana ao seu estado de repouso (Bean, 2007).

A dinâmica dos canais iónicos é fundamental para o momento e a propagação dos potenciais de ação. Os canais de sódio dependentes de voltagem são responsáveis pela fase de despolarização rápida, enquanto os canais de potássio dependentes de voltagem ajudam a restaurar o potencial de membrana em repouso durante a repolarização. Além disso, os canais de cálcio dependentes da voltagem desempenham um papel importante na libertação de neurotransmissores no terminal sináptico (Catterall, 2011).

Em certas condições patológicas, a função dos canais iónicos pode ser alterada, levando a uma atividade neuronal anormal. Por exemplo, nas canalopatias - doenças causadas por mutações nos genes dos canais iónicos - o comportamento anormal dos canais pode resultar em condições como a epilepsia, arritmias cardíacas ou dor crónica (George, 2005).

Papel do cálcio na transmissão sináptica

Os iões de cálcio (Ca^{2+}) desempenham um papel fundamental na transmissão sináptica, mediando a libertação de neurotransmissores do neurónio pré-sináptico. Quando um potencial de ação atinge o terminal sináptico, desencadeia a abertura de canais de cálcio dependentes da voltagem, permitindo a entrada de Ca^{2+} no neurónio. Este influxo de cálcio é essencial para a fusão das vesículas sinápticas com a membrana pré-sináptica, levando à libertação de neurotransmissores na fenda sináptica (Sudhof, 2013).

A libertação de neurotransmissores mediada pelo cálcio é um processo finamente regulado, uma vez que os iões de cálcio actuam como mensageiros intracelulares que iniciam várias cascatas de sinalização. A sinaptotagmina, uma proteína de ligação ao cálcio, actua como sensor primário do cálcio durante a transmissão sináptica. Ao ligar-se ao cálcio, a sinaptotagmina sofre uma alteração conformacional que desencadeia a fusão das vesículas sinápticas com a membrana, resultando na libertação de neurotransmissores (Chapman, 2002).

A sinalização do cálcio também está envolvida na plasticidade sináptica, o processo pelo qual as sinapses se reforçam ou enfraquecem em resposta a alterações na atividade. A potenciação a longo prazo (LTP), uma forma de plasticidade sináptica que está na base da aprendizagem e da memória, depende do influxo de cálcio através dos receptores NMDA. Este influxo de cálcio ativa as proteínas cinases, que modificam as proteínas sinápticas para aumentar a força sináptica (Lisman et al., 2012).

Embora o cálcio seja essencial para a função sináptica normal, o influxo excessivo de cálcio pode levar à excitotoxicidade, um processo em que a sobreactivação dos neurónios resulta na morte celular. A excitotoxicidade está implicada numa série de doenças neurodegenerativas, incluindo a doença de Alzheimer e a esclerose lateral amiotrófica (ELA), em que a sinalização anormal do cálcio contribui para os danos neuronais (Orrenius et al., 2003).

Doenças neurodegenerativas e defeitos de sinalização

As doenças neurodegenerativas são um grupo de doenças caracterizadas pela degeneração progressiva dos neurónios, frequentemente resultante de defeitos na sinalização neural. Estas doenças incluem a doença de Alzheimer, a doença de Parkinson, a doença de Huntington e a ELA. Embora as causas específicas de cada doença variem, um tema comum é a perturbação das vias de sinalização sináptica, levando à disfunção e morte neuronal (Gitler et al., 2017).

Na doença de Alzheimer, a acumulação de placas de amiloide-beta e de emaranhados de tau interfere com a sinalização sináptica, sobretudo nas regiões do cérebro responsáveis pela memória e pela cognição. Esta perturbação leva à perda de ligações sinápticas e à morte neuronal, contribuindo para o declínio cognitivo observado em doentes com a doença (Selkoe, 2002). Além disso, pensa-se que as alterações na sinalização do cálcio e a excitotoxicidade desempenham um papel na progressão da doença de Alzheimer, uma vez que o influxo excessivo de cálcio pode despoletar vias de morte celular (LaFerla, 2002).

A doença de Parkinson é caracterizada pela degeneração dos neurónios dopaminérgicos na substância negra, uma região do cérebro envolvida no controlo motor. Esta perda de dopamina leva a uma sinalização deficiente nos gânglios basais, resultando nos sintomas motores da doença de Parkinson, como tremores e rigidez. A desregulação dos canais iónicos e a manipulação anormal do cálcio também têm sido implicadas na patogénese da doença de Parkinson (Surmeier et al., 2017).

Na doença de Huntington, uma mutação genética leva à produção de uma proteína tóxica chamada huntingtina, que interrompe a sinalização sináptica e causa a degeneração dos neurónios no striatum, uma região do cérebro envolvida no movimento e na cognição. Pensa-se que a excitotoxicidade e a libertação alterada de neurotransmissores contribuem para os danos neuronais observados na doença de Huntington (Ross & Tabrizi, 2011).

A esclerose lateral amiotrófica (ELA) é uma doença neurodegenerativa caracterizada pela perda de neurónios motores, levando à fraqueza muscular e à paralisia. Mutações em genes envolvidos no processamento do ARN, na degradação de proteínas e na sinalização do cálcio têm sido implicadas na ELA. Foi sugerido que a homeostase anormal do cálcio, em particular, desempenha um papel na degeneração dos neurónios motores, uma vez que os níveis desregulados de cálcio podem levar à excitotoxicidade e à morte celular (Van Den Bosch et al., 2006).

Conclusão

A sinalização neural é um processo complexo e finamente ajustado que envolve neurotransmissores, receptores, canais iónicos e vias de sinalização intracelular. O equilíbrio entre a sinalização excitatória e inibitória, a dinâmica dos canais iónicos e o papel do cálcio na transmissão sináptica são fundamentais para manter uma função neural adequada. Quando estes processos são perturbados, como se verifica nas doenças neurodegenerativas como a doença de Alzheimer, a doença de Parkinson, a doença de Huntington e a ELA, o resultado é frequentemente a degeneração progressiva dos neurónios e a diminuição da função cerebral. A compreensão dos mecanismos moleculares subjacentes aos defeitos de sinalização neural é essencial para o desenvolvimento de estratégias terapêuticas para tratar estas doenças debilitantes.

Referências

1. Bean, B. P. (2007). O potencial de ação nos neurónios centrais dos mamíferos. *Nature Reviews Neuroscience, 8*(6), 451-465. https://doi.org/10.1038/nrn2148
2. Browne, T. R., & Holmes, G. L. (2001). Epilepsy. *The New England Journal of Medicine, 344*(15), 1145-1151. https://doi.org/10.1056/NEJM200104123441507
3. Catterall, W. A. (2011). Voltage-gated calcium channels. *Cold Spring Harbor Perspectives in Biology, 3*(8), a003947. https://doi.org/10.1101/cshperspect.a003947
4. Chapman, E. R. (2002). Synaptotagmin: A Ca2+ sensor that triggers exocytosis? *Nature Reviews Molecular Cell Biology, 3*(7), 498-508. https://doi.org/10.1038/nrm855
5. George, A. L. (2005). Canalopatias hereditárias associadas à epilepsia, arritmias cardíacas e enxaqueca: Canais iónicos e neurodegeneração. *Journal of Clinical Investigation, 115*(8), 2010-2017. https://doi.org/10.1172/JCI25505
6. Gitler, A. D., Dhillon, P., & Shorter, J. (2017). Doença neurodegenerativa: Modelos, mecanismos e uma nova esperança. *Disease Models & Mechanisms, 10*(5), 499-502. https://doi.org/10.1242/dmm.030205
7. Hille, B. (2001). *Canais iónicos de membranas excitáveis* (3ª ed.). Sinauer Associates.

8. LaFerla, F. M. (2002). Dishomeostasis de cálcio e sinalização intracelular na doença de Alzheimer. *Nature Reviews Neuroscience, 3*(11), 862-872. https://doi.org/10.1038/nrn960
9. Lisman, J., Yasuda, R., & Raghavachari, S. (2012). Mecanismos de ação do CaMKII na potenciação de longo prazo. *Nature Reviews Neuroscience, 13*(3), 169-182. https://doi.org/10.1038/nrn3192
10. Lodish, H., Berk, A., Kaiser, C. A., Krieger, M., Scott, M. P., Bretscher, A., Ploegh, H., & Matsudaira, P. (2016). *Biologia celular molecular* (8ª ed.). W. H. Freeman.
11. Orrenius, S., Nicholls, D. G., & Bonnefoy, E. (2003). *Apoptose e neurodegeneração*. Wiley-Liss.
12. Purves, D., Augustine, G. J., Fitzpatrick, D., Hall, W. C., LaMantia, A. S., & White, L. E. (2018). *Neurociência* (6ª ed.). Oxford University Press.
13. Ross, C. A., & Tabrizi, S. J. (2011). Doença de Huntington: Da patogénese molecular ao tratamento clínico. *The Lancet Neurology, 10*(1), 83-98. https://doi.org/10.1016/S1474-4422(10)70245-3
14. Selkoe, D. J. (2002). A doença de Alzheimer é uma falha sináptica. *Science, 298*(5594), 789-791. https://doi.org/10.1126/science.1074069
15. Squire, L. R., Berg, D., Bloom, F. E., du Lac, S., Ghosh, A., & Spitzer, N. C. (2017). *Neurociência fundamental* (4ª ed.). Academic Press.
16. Sudhof, T. C. (2013). Libertação de neurotransmissores: O último milissegundo na vida de uma vesícula sináptica. *Neuron, 80*(3), 675-690. https://doi.org/10.1016/j.neuron.2013.10.022
17. Surmeier, D. J., Schumacker, P. T., Guzman, J. D., Ilijic, E., Yang, B., & Zampese, E. (2017). Cálcio e doença de Parkinson. *Biochemical and Biophysical Research Communications, 483*(4), 1013-1019. https://doi.org/10.1016/j.bbrc.2016.08.115
18. Van Den Bosch, L., & Timmerman, R. (2006). Cálcio e ELA: The current state of play. *Neurobiology of Disease, 21*(2), 189-200. https://doi.org/10.1016/j.nbd.2005.07.028

Capítulo 21: Sinalização do sistema endócrino

O sistema endócrino desempenha um papel fundamental na regulação de vários processos fisiológicos através da comunicação hormonal. As hormonas, mensageiros químicos segregados pelas glândulas, regulam actividades como o crescimento, o metabolismo, a reprodução e as respostas ao stress. Este capítulo aprofunda os mecanismos de sinalização hormonal, centrando-se no eixo hipotálamo-hipófise, nas principais glândulas endócrinas, como a tiroide, a glândula suprarrenal e o pâncreas, e no impacto dos desequilíbrios hormonais em doenças como a diabetes e o hipertiroidismo.

Comunicação hormonal no corpo

A comunicação hormonal no corpo é um processo que envolve a secreção de hormonas pelas glândulas endócrinas diretamente para a corrente sanguínea, onde viajam para órgãos e tecidos alvo para provocar respostas fisiológicas específicas. As hormonas podem ser classificadas em três classes principais: hormonas peptídicas, hormonas esteróides e hormonas aminas. As hormonas peptídicas, como a insulina, são solúveis em água e interagem com receptores na membrana celular, enquanto as hormonas esteróides, como o cortisol, são solúveis em lípidos e podem atravessar a membrana celular para se ligarem a receptores intracelulares. As hormonas aminas, derivadas de aminoácidos, incluem as hormonas da tiroide e as catecolaminas, como a adrenalina (Guyton & Hall, 2016).

A comunicação hormonal é altamente específica devido à presença de receptores hormonais nas células-alvo. A ligação de uma hormona ao seu recetor desencadeia uma cascata de eventos intracelulares, envolvendo frequentemente segundos mensageiros como o AMP cíclico (AMPc) ou iões de cálcio, que amplificam o sinal hormonal. Este processo garante que mesmo pequenas quantidades de hormona podem provocar efeitos fisiológicos significativos (Gomperts et al., 2002).

A sinalização endócrina pode ser classificada em três tipos principais: autócrina, parácrina e endócrina. Na sinalização autócrina, a hormona actua na mesma célula que a produziu, como se verifica em certas respostas do sistema imunitário. A sinalização parácrina envolve a ação da hormona em células próximas, como é o caso da libertação local de hormonas no pâncreas. Na sinalização endócrina, as hormonas viajam através da corrente sanguínea para atingir células-alvo distantes, como acontece na maioria dos principais sistemas hormonais (Widmaier et al., 2016).

Sinalização do eixo hipotálamo-hipófise

O eixo hipotálamo-hipófise é um componente central do sistema endócrino que regula muitos processos fisiológicos, incluindo o crescimento, o metabolismo, a reprodução e as respostas ao stress. O hipotálamo, localizado na base do cérebro, segrega hormonas libertadoras e inibidoras que controlam a libertação de hormonas da glândula pituitária. Esta interação entre o hipotálamo e a glândula pituitária forma uma via de sinalização crucial para a manutenção da homeostase (Vander et al., 2014).

A glândula pituitária é constituída por duas partes: a pituitária anterior e a pituitária posterior. A hipófise anterior produz hormonas como a hormona do crescimento (GH), a hormona estimulante da tiroide (TSH), a hormona adrenocorticotrópica (ACTH) e a prolactina. Estas hormonas são libertadas em resposta a sinais do hipotálamo, que segrega hormonas libertadoras como a hormona libertadora de tirotropina (TRH) e a hormona libertadora de corticotropina (CRH) (Guyton & Hall, 2016).

Por exemplo, no eixo hipotálamo-hipófise-tiroide, o hipotálamo liberta TRH, que estimula a hipófise anterior a libertar TSH. A TSH actua então na glândula tiroide para estimular a produção de hormonas tiróideas, principalmente tiroxina (T4) e triiodotironina (T3), que regulam o metabolismo, o crescimento e o desenvolvimento (Yen, 2001).

A hipófise posterior, pelo contrário, não produz hormonas, mas armazena e liberta hormonas produzidas pelo hipotálamo, como a oxitocina e a vasopressina (hormona antidiurética, ADH). A oxitocina desempenha um papel fundamental no parto e na lactação, enquanto a vasopressina regula o equilíbrio hídrico e a tensão arterial (Schrier, 2006).

Tiroide, glândula suprarrenal e pâncreas

Glândula tiroide

A glândula tiroide, localizada no pescoço, é responsável pela produção das hormonas da tiroide, principalmente T3 e T4, que são fundamentais para regular o metabolismo, a produção de energia e o crescimento. A síntese destas hormonas depende do iodo e a sua libertação é regulada pela TSH da hipófise anterior. As hormonas da tiroide actuam em quase todos os tecidos do corpo, aumentando a atividade metabólica através da estimulação da produção de proteínas e do aumento do consumo de oxigénio (Brent, 2012).

As perturbações da glândula tiroide, como o hipotiroidismo (tiroide hipoactiva) e o hipertiroidismo (tiroide hiperactiva), podem ter efeitos generalizados. O hipotiroidismo, frequentemente causado por deficiência de iodo ou por doenças auto-imunes como a tiroidite de Hashimoto, provoca sintomas como fadiga, aumento de peso e intolerância ao frio. Em contrapartida, o hipertiroidismo, frequentemente causado pela doença de Graves, resulta em sintomas como perda de peso, aumento da frequência cardíaca e intolerância ao calor (Gaitonde et al., 2012).

Glândula Adrenal

As glândulas supra-renais, localizadas na parte superior dos rins, são constituídas por duas partes principais: o córtex suprarrenal e a medula suprarrenal. O córtex suprarrenal produz hormonas esteróides, incluindo cortisol, aldosterona e androgénios, enquanto a medula suprarrenal segrega catecolaminas, como a adrenalina e a noradrenalina.

O cortisol, uma hormona glucocorticoide, desempenha um papel central na resposta do organismo ao stress. Ajuda a regular o metabolismo, reduz a inflamação e aumenta os níveis de glicose no sangue durante períodos de stress. A aldosterona, um mineralocorticóide, regula o equilíbrio do sal e da água no corpo, influenciando a pressão arterial (Bornstein et al., 2016).

A medula suprarrenal faz parte do sistema nervoso simpático e é responsável pela resposta de "luta ou fuga". Em resposta ao stress, liberta adrenalina e noradrenalina, que aumentam a frequência cardíaca, a pressão arterial e os níveis de glicose, preparando o corpo para a atividade física imediata (Elenkov et al., 2000).

Pâncreas

O pâncreas funciona como uma glândula endócrina e exócrina. O seu papel endócrino envolve a regulação dos níveis de açúcar no sangue através da secreção de hormonas como a insulina e o glucagon a partir das ilhotas de Langerhans. A insulina, produzida pelas células beta, reduz os níveis de glicose no sangue ao promover a absorção de glicose pelas células, enquanto o glucagon, produzido pelas células alfa, aumenta os níveis de glicose no sangue ao estimular a libertação de glicose do fígado (Röder et al., 2016).

O equilíbrio entre a insulina e o glucagon é crucial para manter os níveis normais de açúcar no sangue. A desregulação deste equilíbrio pode levar à diabetes mellitus, uma doença caracterizada por hiperglicemia crónica. Na diabetes tipo 1, o sistema imunitário destrói as células beta produtoras de insulina, resultando numa produção insuficiente de insulina. Na diabetes tipo 2, as células tornam-se resistentes aos efeitos da insulina, levando a níveis elevados de açúcar no sangue (Kahn et al., 2014).

Papel do desequilíbrio hormonal nas doenças (diabetes, hipertiroidismo)

Diabetes

A diabetes mellitus é uma das doenças endócrinas mais comuns, afectando milhões de pessoas em todo o mundo. Caracteriza-se por hiperglicemia crónica, que pode levar a complicações graves, como doenças cardiovasculares, insuficiência renal, lesões nervosas e cegueira.

Existem dois tipos principais de diabetes: tipo 1 e tipo 2. A diabetes tipo 1 é uma doença autoimune em que o sistema imunitário do corpo ataca e destrói as células beta produtoras de insulina no pâncreas, levando a uma deficiência absoluta de insulina. Os doentes com diabetes de tipo 1 necessitam de terapia com insulina durante toda a vida para manter os níveis normais de açúcar no sangue (Atkinson et al., 2014).

A diabetes tipo 2, por outro lado, é caracterizada pela resistência à insulina, em que as células do corpo se tornam menos reactivas à insulina. Com o tempo, o pâncreas também pode produzir menos insulina, levando a uma deficiência relativa de insulina. Os factores de risco da diabetes tipo 2 incluem a obesidade, a inatividade física e uma história familiar da doença. A gestão da diabetes tipo 2 envolve alterações do estilo de vida, medicamentos orais e, por vezes, terapia com insulina (Skyler et al., 2017).

Hipertiroidismo

O hipertiroidismo é uma doença em que a glândula tiroide produz quantidades excessivas de hormonas da tiroide, levando a um metabolismo hiperativo. A causa mais comum de hipertiroidismo é a doença de Graves, uma doença autoimune em que os anticorpos estimulam a tiroide a produzir hormonas em excesso. Os sintomas do hipertiroidismo incluem perda de peso, ritmo cardíaco acelerado, tremores e intolerância ao calor (Ross, 2016).

Se não for tratado, o hipertiroidismo pode levar a complicações graves, como doenças cardíacas, osteoporose e uma doença potencialmente fatal chamada tempestade da tiroide, em que os sintomas do hipertiroidismo se tornam graves e incontroláveis. As opções de tratamento do hipertiroidismo incluem medicamentos antitiroideus, terapia com iodo radioativo e cirurgia para remover parte ou a totalidade da glândula tiroide (Bartalena, 2013).

Tanto na diabetes como no hipertiroidismo, o diagnóstico precoce e a gestão adequada são essenciais para prevenir complicações e melhorar a qualidade de vida dos indivíduos afectados.

Conclusão

O sistema endócrino é uma rede altamente complexa de glândulas e hormonas que regulam funções corporais críticas. Através de vias de sinalização complexas, incluindo o eixo hipotálamo-hipófise, a tiroide, as glândulas supra-renais e o pâncreas desempenham papéis centrais na manutenção da homeostase. Quando ocorrem desequilíbrios hormonais, como se verifica em doenças como a diabetes e o hipertiroidismo, as perturbações fisiológicas resultantes podem conduzir a problemas de saúde significativos. A compreensão dos mecanismos de sinalização endócrina e dos efeitos dos desequilíbrios hormonais é crucial para o desenvolvimento de tratamentos eficazes e para o controlo das doenças relacionadas com o sistema endócrino.

Referências

1. Atkinson, M. A., Eisenbarth, G. S., & Michels, A. W. (2014). Diabetes tipo 1. *The Lancet, 383*(9911), 69-82. https://doi.org/10.1016/S0140-6736(13)60591-7
2. Bartalena, L. (2013). Diagnóstico e tratamento da doença de Graves: A global overview. *Nature Reviews Endocrinology, 9*(12), 724-734. https://doi.org/10.1038/nrendo.2013.193
3. Bornstein, S. R., Engeland, W. C., Ehrhart-Bornstein, M., & Herman, J. P. (2016). Dissociação de ACTH e glicocorticóides. *Tendências em Endocrinologia e Metabolismo, 27* (12), 681-689. https://doi.org/10.1016/j.tem.2016.05.009
4. Brent, G. A. (2012). Mecanismos de ação da hormona da tiroide. *The Journal of Clinical Investigation, 122*(9), 3035-3043. https://doi.org/10.1172/JCI60047
5. Elenkov, I. J., Wilder, R. L., Chrousos, G. P., & Vizi, E. S. (2000). O nervo simpático - Uma interface integrativa entre dois supersistemas: O cérebro e o sistema imunitário. *Pharmacological Reviews, 52*(4), 595-638. https://doi.org/10.1124/pr.52.4.595
6. Gaitonde, D. Y., Rowley, K. D., & Sweeney, L. B. (2012). Hipotiroidismo: Uma atualização. *American Family Physician, 86*(3), 244-251.
7. Gomperts, B. D., Kramer, I. M., & Tatham, P. E. R. (2002). *Signal transduction (Transdução de sinais)*. Academic Press.
8. Guyton, A. C., & Hall, J. E. (2016). *Livro-texto de fisiologia médica* (13ª ed.). Elsevier.
9. Kahn, S. E., Cooper, M. E., & Del Prato, S. (2014). Fisiopatologia e tratamento do diabetes tipo 2: Perspectivas sobre o passado, presente e futuro. *The Lancet, 383*(9922), 1068-1083. https://doi.org/10.1016/S0140-6736(13)62154-6
10. Ross, D. S. (2016). Hipertiroidismo, terapia hormonal da tiroide e osso. *The Journal of Clinical Endocrinology & Metabolism, 101*(7), 2649-2651. https://doi.org/10.1210/jc.2016-2232
11. Röder, P. V., Wu, B., Liu, Y., & Han, W. (2016). Regulação pancreática da homeostase da glicose. *Experimental & Molecular Medicine, 48*(3), e219. https://doi.org/10.1038/emm.2016.6
12. Schrier, R. W. (2006). Vasopressina e aquaporina 2 em distúrbios clínicos da homeostase da água. *Seminários em Nefrologia, 26*(3), 244-252. https://doi.org/10.1016/j.semnephrol.2006.03.001
13. Skyler, J. S., Bakris, G. L., Bonifacio, E., Darsow, T., Eckel, R. H., Groop, L., ... & Ratner, R. E. (2017). Diferenciação do diabetes por fisiopatologia, história natural e prognóstico. *Diabetes, 66*(2), 241-255. https://doi.org/10.2337/db16-0806
14. Vander, A. J., Sherman, J. H., & Luciano, D. S. (2014). *Fisiologia humana: Os mecanismos da função corporal* (14ª ed.). McGraw-Hill.
15. Widmaier, E. P., Raff, H., & Strang, K. T. (2016). *Fisiologia humana de Vander: Os mecanismos da função corporal* (14ª ed.). McGraw-Hill.

16. Yen, P. M. (2001). Physiological and molecular basis of thyroid hormone action. *Physiological Reviews, 81*(3), 1097-1142. https://doi.org/10.1152/physrev.2001.81.3.1097

Capítulo 22: Sinalização do sistema cardiovascular

O sistema cardiovascular é uma rede complexa de coração, vasos sanguíneos e sangue que funciona para transportar oxigénio, nutrientes e hormonas por todo o corpo. No centro deste sistema está uma série de mecanismos de sinalização intrincados que regulam funções essenciais como a vasodilatação, a vasoconstrição, a contração do músculo cardíaco e a pressão arterial. Este capítulo centra-se nas principais vias de sinalização envolvidas na função cardiovascular, incluindo as que controlam o tónus vascular, regulam as contracções cardíacas e mantêm a pressão arterial. A discussão também explora a forma como as disfunções nestas vias de sinalização podem levar a doenças cardiovasculares como a hipertensão, a insuficiência cardíaca e a aterosclerose.

Sinais de vasodilatação e vasoconstrição (NO, endotelinas)

O tónus vascular, ou o grau de constrição ou dilatação dos vasos sanguíneos, é regulado por um equilíbrio entre sinais vasodilatadores e vasoconstritores. Dois mediadores críticos deste processo são o óxido nítrico (NO) e as endotelinas, que têm efeitos opostos nos vasos sanguíneos.

Óxido Nítrico (NO)

O óxido nítrico é um vasodilatador fundamental que desempenha um papel essencial na regulação do fluxo sanguíneo e da resistência vascular. O NO é sintetizado nas células endoteliais a partir do aminoácido L-arginina pela enzima óxido nítrico sintase endotelial (eNOS). Uma vez produzido, o NO difunde-se para as células musculares lisas que rodeiam os vasos sanguíneos, onde ativa a guanilil ciclase, levando à produção de monofosfato de guanosina cíclico (GMPc). Esta cascata de sinalização acaba por provocar o relaxamento e a vasodilatação do músculo liso (Moncada & Higgs, 2006).

O NO desempenha um papel protetor no sistema cardiovascular, promovendo a vasodilatação, inibindo a agregação plaquetária e impedindo a adesão dos glóbulos brancos ao endotélio. Estes efeitos ajudam a manter um fluxo sanguíneo adequado e a prevenir o desenvolvimento da aterosclerose. A sinalização deficiente do NO, frequentemente devida a disfunção endotelial, é uma caraterística comum das doenças cardiovasculares, como a hipertensão e a doença arterial coronária (Loscalzo & Welch, 1995).

Endotelinas

As endotelinas são potentes vasoconstritores que neutralizam os efeitos do NO e desempenham um papel importante na regulação da pressão arterial e do tónus vascular. A família das endotelinas é constituída por três isoformas: endotelina-1 (ET-1), endotelina-2 (ET-2) e endotelina-3 (ET-3), sendo a ET-1 a mais relevante do ponto de vista fisiológico no sistema cardiovascular. A ET-1 é produzida pelas células endoteliais e actua sobre as células musculares lisas ligando-se aos receptores da endotelina (ET_A e ET_B), que são receptores acoplados à proteína G. A ativação destes receptores leva a uma ativação da endotelina. A ativação destes receptores leva à contração do músculo liso vascular e à vasoconstrição (Yanagisawa et al., 1988).

O equilíbrio entre o NO e a ET-1 é crucial para manter a função vascular normal. A produção excessiva de ET-1 ou a redução da biodisponibilidade de NO podem resultar em vasoconstrição excessiva, contribuindo para doenças como a hipertensão e a insuficiência cardíaca. Foram observados níveis elevados de ET-1 em doentes com hipertensão pulmonar e doença cardíaca (Khimji & Rockey, 2010).

Sinalização na Contração do Músculo Cardíaco

A contração do músculo cardíaco é controlada por um mecanismo de sinalização altamente coordenado que envolve o movimento de iões através da membrana celular e a interação de proteínas contrácteis nos miócitos cardíacos. Este processo, conhecido como acoplamento excitação-contração, assegura que o coração bate ritmicamente e com força suficiente para bombear sangue para todo o corpo.

Sinalização de cálcio e acoplamento entre excitação e contração

Os iões de cálcio (Ca^{2+}) desempenham um papel central no processo de acoplamento excitação-contração nas células musculares cardíacas. O estímulo elétrico para a contração é iniciado pelo potencial de ação, uma onda de despolarização que se propaga através da membrana celular dos miócitos cardíacos. Quando o potencial de ação atinge os túbulos T, desencadeia a abertura de canais de cálcio do tipo L dependentes de voltagem (Cav1.2), permitindo a entrada de Ca^{2+} na célula (Bers, 2002).

O influxo de Ca^{2+} para o citoplasma desencadeia uma libertação adicional de Ca^{2+} do retículo sarcoplasmático (SR) através dos receptores de rianodina (RyR2), um processo conhecido como libertação de cálcio induzida por cálcio (CICR). O aumento súbito da concentração intracelular de Ca^{2+} permite que o Ca^{2+} se ligue à troponina, um componente do aparelho contrátil, o que leva à ativação das interações actina-miosina e à contração muscular (Fearnley et al., 2011).

Para terminar a contração, o Ca^{2+} é removido do citoplasma por dois mecanismos principais: recaptação para o SR pela ATPase de cálcio do retículo sarcoplasmático/endoplasmático (SERCA) e extrusão da célula pelo permutador sódio-cálcio (NCX). A regulação destes processos assegura um relaxamento correto e evita arritmias (Bers, 2002).

Papel da sinalização beta-adrenérgica na função cardíaca

O sistema nervoso simpático regula a frequência cardíaca e a força de contração através da sinalização beta-adrenérgica. A ativação de receptores beta-adrenérgicos (principalmente receptores beta-1) por catecolaminas como a adrenalina e a noradrenalina leva a um aumento dos níveis de AMPc, o que aumenta a atividade da proteína quinase A (PKA). A PKA fosforila proteínas-chave envolvidas no manuseamento do cálcio, incluindo os canais de cálcio do tipo L, o RyR2 e o fosfolamban, levando a um aumento da entrada e libertação de cálcio do SR. Isso resulta em uma contração mais forte e rápida, um processo conhecido como inotropia positiva (Xiao et al., 2004).

Na doença cardíaca, a ativação crónica da sinalização beta-adrenérgica pode levar à dessensibilização dos receptores beta e contribuir para a progressão da insuficiência cardíaca. Os beta-bloqueadores, que inibem os efeitos das catecolaminas, são normalmente utilizados no tratamento da insuficiência cardíaca para reduzir o stress sobre o coração e melhorar a função cardíaca (Bristow, 2000).

Regulação da pressão arterial: Sistema Renina-Angiotensina-Aldosterona

O sistema renina-angiotensina-aldosterona (RAAS) é uma via hormonal crítica que regula a pressão arterial e o equilíbrio de fluidos. Os principais componentes deste sistema incluem a renina, a angiotensina II e a aldosterona.

Renina e Angiotensina II

A renina é uma enzima segregada pelas células justaglomerulares dos rins em resposta à pressão arterial baixa, a níveis baixos de sódio ou à ativação do sistema nervoso simpático. A renina converte o angiotensinogénio, uma proteína precursora produzida pelo fígado, em angiotensina I. A angiotensina I é depois convertida no péptido ativo angiotensina II pela enzima conversora da angiotensina (ECA), que se encontra principalmente nos pulmões (Hall, 2016).

A angiotensina II é um potente vasoconstritor que aumenta a pressão arterial através do estreitamento dos vasos sanguíneos e da estimulação da libertação de aldosterona pelas glândulas supra-renais. Também promove a retenção de sódio pelos rins, o que aumenta o volume sanguíneo e eleva ainda mais a pressão arterial. Para além do seu papel na regulação da pressão arterial, a angiotensina II estimula a libertação da hormona antidiurética (ADH) da glândula pituitária, o que reduz a excreção de água pelos rins (Klabunde, 2011).

Aldosterona

A aldosterona é uma hormona esteroide produzida pelo córtex suprarrenal em resposta à angiotensina II ou a níveis elevados de potássio. Actua sobre os rins para aumentar a reabsorção de sódio e a excreção de potássio. Ao promover a retenção de sódio e de água, a aldosterona aumenta o volume sanguíneo e contribui para a regulação da pressão arterial (Jaisser & Farman, 2016).

A desregulação do SRAA pode levar a hipertensão, insuficiência cardíaca e doença renal. Medicamentos como os inibidores da ECA, os bloqueadores dos receptores da angiotensina II (BRA) e os antagonistas da aldosterona são normalmente utilizados para interromper o SRAA e baixar a tensão arterial em doentes com doenças cardiovasculares (Ferrario, 2006).

Doença cardíaca e disfunção na sinalização cardiovascular

As doenças cardiovasculares, como a hipertensão, a insuficiência cardíaca e a aterosclerose, estão frequentemente associadas a perturbações nas vias de sinalização normais que regulam o tónus vascular, a contração do músculo cardíaco e a pressão arterial.

Hipertensão

A hipertensão, ou pressão arterial elevada, é um importante fator de risco para as doenças cardiovasculares. É frequentemente causada por um desequilíbrio entre sinais vasodilatadores e vasoconstritores. A redução da biodisponibilidade do NO, a elevação dos níveis de ET-1 e a sobreactivação do SRAA podem contribuir para o desenvolvimento da hipertensão (Vanhoutte et al., 2017).

A hipertensão crónica pode provocar lesões no coração, nos vasos sanguíneos e nos rins. Com o tempo, aumenta o risco de ataque cardíaco, acidente vascular cerebral e insuficiência cardíaca. As terapêuticas anti-hipertensivas, incluindo os inibidores da ECA, os BRA, os bloqueadores dos canais de cálcio e os diuréticos, visam as vias de sinalização subjacentes envolvidas na regulação da pressão arterial (Williams et al., 2018).

Insuficiência cardíaca

A insuficiência cardíaca ocorre quando o coração é incapaz de bombear sangue de forma eficaz, levando à acumulação de fluidos nos pulmões e noutros tecidos. Na insuficiência cardíaca, existe frequentemente uma ativação crónica da sinalização beta-adrenérgica e do SRAA, que inicialmente compensa a redução do débito cardíaco, mas que acaba por conduzir a uma maior deterioração da função cardíaca (Mann & Bristow, 2005).

Foi demonstrado que a utilização de beta-bloqueadores, inibidores da ECA, BRA e antagonistas dos receptores mineralocorticóides melhora os resultados em doentes com insuficiência cardíaca, reduzindo os efeitos nocivos da ativação crónica da via de sinalização (Packer et al., 2016).

Aterosclerose

A aterosclerose é uma doença caracterizada pela acumulação de placas de gordura nas artérias, o que leva a uma redução do fluxo sanguíneo e a um aumento do risco de ataque cardíaco e de acidente vascular cerebral. A disfunção endotelial, caracterizada por uma sinalização deficiente de NO e um aumento do stress oxidativo, desempenha um papel central no desenvolvimento da aterosclerose (Libby, 2002).

As terapias anti-inflamatórias e hipolipemiantes, como as estatinas, são utilizadas para reduzir a progressão da aterosclerose e melhorar a saúde vascular, visando os mecanismos moleculares subjacentes que impulsionam a formação da placa (Ridker et al., 2017).

Conclusão

Os mecanismos de sinalização cardiovascular, incluindo os envolvidos na vasodilatação, vasoconstrição, contração do músculo cardíaco e regulação da pressão arterial, são essenciais para manter a função adequada do coração e dos vasos sanguíneos. A desregulação destas vias de sinalização pode levar a doenças cardiovasculares graves, incluindo hipertensão, insuficiência cardíaca e aterosclerose. A compreensão da base molecular da sinalização cardiovascular fornece informações importantes para o desenvolvimento de intervenções terapêuticas para tratar estas doenças.

Referências

1. Bers, D. M. (2002). Cardiac excitation-contraction coupling. *Nature, 415*(6868), 198-205. https://doi.org/10.1038/415198a
2. Bristow, M. R. (2000). Bloqueio dos receptores β-adrenérgicos na insuficiência cardíaca crónica. *Circulation, 101*(5), 558-569. https://doi.org/10.1161/01.CIR.101.5.558
3. Ferrario, C. M. (2006). Role of angiotensin II in cardiovascular disease-therapeutic implications of more than a century of research. *Journal of the Renin-Angiotensin-Aldosterone System, 7*(1), 3-14. https://doi.org/10.3317/jraas.2006.001
4. Fearnley, C. J., Roderick, H. L., & Bootman, M. D. (2011). Sinalização de cálcio em miócitos cardíacos. *Cold Spring Harbor Perspectives in Biology, 3*(11), a004242. https://doi.org/10.1101/cshperspect.a004242
5. Hall, J. E. (2016). *Guyton and Hall textbook of medical physiology* (13ª ed.). Elsevier.
6. Jaisser, F., & Farman, N. (2016). Papéis emergentes do recetor mineralocorticóide na fisiopatologia: Rumo a novos paradigmas em farmacologia clínica. *Pharmacological Reviews, 68*(1), 49-75. https://doi.org/10.1124/pr.115.010454
7. Khimji, A. K., & Rockey, D. C. (2010). Endotelina - biologia e doença. *Cellular Signalling, 22*(11), 1615-1625. https://doi.org/10.1016/j.cellsig.2010.05.002
8. Klabunde, R. E. (2011). *Conceitos de fisiologia cardiovascular* (2ª ed.). Lippincott Williams & Wilkins.
9. Libby, P. (2002). Inflammation in atherosclerosis (Inflamação na aterosclerose). *Nature, 420*(6917), 868-874. https://doi.org/10.1038/nature01323
10. Loscalzo, J., & Welch, G. (1995). Nitric oxide and its role in the cardiovascular system. *Progress in Cardiovascular Diseases, 38*(2), 87-104. https://doi.org/10.1016/S0033-0620(05)80001-7

11. Mann, D. L., & Bristow, M. R. (2005). Mecanismos e modelos na insuficiência cardíaca: The biomechanical model and beyond. *Circulation, 111*(21), 2837-2849. https://doi.org/10.1161/01.CIR.0000168065.84022.9F
12. Moncada, S., & Higgs, A. (2006). The discovery of nitric oxide and its role in vascular biology (A descoberta do óxido nítrico e o seu papel na biologia vascular). *British Journal of Pharmacology, 147*(S1), S193-S201. https://doi.org/10.1038/sj.bjp.0706458
13. Packer, M., Coats, A. J. S., Fowler, M. B., Katus, H. A., Krum, H., Mohacsi, P., ... & Carvedilol Prospective Randomized Cumulative Survival (COPERNICUS) Study Group. (2001). Efeito do carvedilol na sobrevivência na insuficiência cardíaca crónica grave. *The New England Journal of Medicine, 344*(22), 1651-1658. https://doi.org/10.1056/NEJM200105313442201
14. Ridker, P. M., Everett, B. M., Thuren, T., MacFadyen, J. G., Chang, W. H., Ballantyne, C., ... & CANTOS Trial Group. (2017). Terapia antiinflamatória com canakinumab para doença aterosclerótica. *The New England Journal of Medicine, 377*(12), 1119-1131. https://doi.org/10.1056/NEJMoa1707914
15. Vanhoutte, P. M., Shimokawa, H., Feletou, M., & Tang, E. H. (2017). Disfunção endotelial e doença vascular. *Ata Physiologica, 219*(1), 22-50. https://doi.org/10.1111/apha.12660
16. Williams, B., Mancia, G., Spiering, W., Agabiti Rosei, E., Azizi, M., Burnier, M., ... & ESC Scientific Document Group. (2018). Diretrizes ESC / ESH 2018 para o manejo da hipertensão arterial. *Journal of Hypertension, 36*(10), 1953-2041. https://doi.org/10.1097/HJH.0000000000001940
17. Xiao, R. P., Cheng, H., Zhou, Y. Y., Kuschel, M., & Lakatta, E. G. (2004). Recent advances in cardiac beta-adrenergic signal transduction. *Circulation Research, 85*(12), 1092-1100. https://doi.org/10.1161/01.RES.85.12.1092

Capítulo 23: Sinalização do sistema respiratório

O sistema respiratório desempenha um papel crucial na manutenção da vida, facilitando as trocas gasosas, principalmente a ingestão de oxigénio (O_2) e a expulsão de dióxido de carbono (CO_2). Os mecanismos de sinalização respiratória controlam os processos que regulam o fluxo de ar para os pulmões e a troca de gases dentro dos alvéolos. Estes sinais asseguram o fornecimento adequado de oxigénio aos tecidos e a remoção de resíduos metabólicos. Neste capítulo, exploramos as vias de sinalização envolvidas nas trocas gasosas, na broncodilatação e na broncoconstrição, bem como a disfunção destas vias em doenças respiratórias como a asma e a doença pulmonar obstrutiva crónica (DPOC).

Troca de gases e deteção de O_2/CO_2

A troca gasosa entre o ar nos alvéolos e o sangue nos capilares pulmonares é a principal função do sistema respiratório. Este processo é regulado por vários mecanismos de sinalização que controlam os padrões respiratórios e respondem a flutuações nos níveis de oxigénio e dióxido de carbono no sangue.

Transporte de oxigénio e dióxido de carbono

O oxigénio é transportado dos alvéolos para os tecidos através da hemoglobina nos glóbulos vermelhos. O CO_2, um subproduto do metabolismo celular, é transportado de volta para os pulmões sob a forma de bicarbonato (HCO_3-) ou ligado à hemoglobina. Ambos os gases difundem-se nos seus gradientes de concentração durante a respiração: O_2 move-se dos alvéolos para o sangue, enquanto o CO_2 move-se do sangue para os alvéolos para ser exalado (Guyton & Hall, 2016).

Deteção de O_2 e CO_2 e controlo respiratório

Os centros de controlo respiratório no tronco cerebral (medula e ponte) regulam a frequência e a profundidade da respiração em resposta a alterações nos níveis de O_2 e CO_2 no sangue. Esta regulação é conseguida através do feedback dos quimiorreceptores localizados nos corpos carotídeos, nos corpos aórticos e na medula.

Os quimiorreceptores periféricos nos corpos carotídeo e aórtico detectam principalmente alterações nos níveis de O_2 no sangue. Quando os níveis de O_2 caem (hipóxia), esses quimiorreceptores enviam sinais aos centros respiratórios para aumentar a frequência e a profundidade da respiração, aumentando assim a captação de O_2 (Prabhakar & Semenza, 2012). Os quimiorreceptores centrais localizados na medula são sensíveis a alterações nos níveis de CO_2 e pH do sangue. Níveis elevados de CO_2 (hipercapnia) ou diminuição do pH (acidose) estimulam esses quimiorreceptores, levando a um aumento da frequência respiratória para expulsar o excesso de CO_2 e restaurar o pH sanguíneo normal (Nattie, 1999).

Este sistema de feedback dinâmico garante que o fornecimento de oxigénio aos tecidos e a remoção de CO_2 são regulados com precisão sob exigências metabólicas variáveis.

Sinalização na broncodilatação e broncoconstrição

O tónus dos músculos lisos que revestem os bronquíolos, que controlam o diâmetro das vias aéreas, é regulado por um equilíbrio entre sinais broncodilatadores e broncoconstritores. Estes mecanismos garantem que o fluxo de ar para os pulmões é optimizado durante vários estados, como o repouso, o exercício ou a exposição a substâncias irritantes.

Broncodilatação

A broncodilatação, ou o alargamento das vias respiratórias, é mediada principalmente pelo sistema nervoso simpático através da sinalização beta-adrenérgica. A ativação dos receptores beta-2 adrenérgicos (β_2-AR) nas células do músculo liso brônquico por catecolaminas como a adrenalina desencadeia uma cascata de eventos intracelulares. Estes incluem a ativação da adenilato ciclase, que aumenta a produção de monofosfato de adenosina cíclico (AMPc). Níveis elevados de AMPc levam à ativação da proteína quinase A (PKA), que fosforila proteínas-chave envolvidas no relaxamento muscular. Como resultado, o músculo liso relaxa e as vias respiratórias alargam-se, permitindo um maior fluxo de ar para os pulmões (Johnson, 2006).

Os agentes farmacológicos conhecidos como beta-agonistas, que mimetizam os efeitos da adrenalina sobre os β_2-AR, são comummente utilizados como broncodilatadores no tratamento de doenças respiratórias como a asma e a DPOC (Barnes, 2011).

Broncoconstrição

Em contraste, a broncoconstrição, ou estreitamento das vias respiratórias, é controlada por sinais parassimpáticos mediados pelo nervo vago. A acetilcolina (ACh) é libertada das terminações nervosas parassimpáticas e liga-se aos receptores muscarínicos (M_3) nas células do músculo liso brônquico. Esta ligação ativa a fosfolipase C (PLC), levando à produção de trifosfato de inositol (IP_3), que aumenta os níveis de cálcio intracelular. O aumento do cálcio promove a contração do músculo liso, resultando no estreitamento das vias aéreas e na redução do fluxo de ar (Eglen et al., 1994).

A broncoconstrição também pode ser desencadeada por mediadores inflamatórios, como a histamina, os leucotrienos e as prostaglandinas, que são libertados durante reacções alérgicas ou infecções respiratórias. Estes mediadores actuam em receptores específicos nas vias aéreas, exacerbando a constrição e a inflamação (Galli et al., 2008).

Asma e DPOC: Mau funcionamento da sinalização respiratória

A asma e a doença pulmonar obstrutiva crónica (DPOC) são duas doenças respiratórias importantes caracterizadas por uma sinalização desregulada das vias aéreas. Ambas as condições envolvem inflamação crónica e função anormal do músculo liso brônquico, levando à obstrução do fluxo de ar e dificuldade em respirar.

Asma

A asma é uma doença inflamatória crónica das vias respiratórias que resulta em episódios de broncoconstrição, produção excessiva de muco e hiperresponsividade das vias respiratórias. A principal caraterística patológica da asma é uma resposta inflamatória exagerada a alergénios, poluentes ou infecções respiratórias. Esta inflamação leva à libertação de mediadores broncoconstritores, como a histamina e os leucotrienos, que causam o estreitamento das vias aéreas e dificuldade em respirar (Barnes, 2008).

Para além do componente inflamatório, a asma é também caracterizada por um aumento da sinalização colinérgica. O aumento da libertação de ACh das terminações nervosas parassimpáticas nas vias respiratórias leva a uma broncoconstrição sustentada. Esta hiperatividade colinérgica é um alvo para intervenções farmacológicas, como os fármacos anticolinérgicos, que bloqueiam os receptores muscarínicos e previnem a broncoconstrição (Gross, 2006).

As estratégias de tratamento da asma centram-se na redução da inflamação com corticosteróides e no controlo da broncoconstrição com broncodilatadores, como os beta-agonistas e os anticolinérgicos (Barnes, 2011).

Doença Pulmonar Obstrutiva Crónica (DPOC)

A DPOC é uma doença respiratória progressiva caracterizada por uma limitação do fluxo aéreo que não é totalmente reversível. Engloba duas condições principais: bronquite crónica e enfisema. A doença é causada principalmente pela exposição prolongada a substâncias irritantes, como o fumo do cigarro, a poluição do ar e as poeiras profissionais, o que leva a uma inflamação crónica e a alterações estruturais nas vias respiratórias e nos alvéolos.

Na DPOC, a inflamação crónica provoca a destruição das paredes alveolares (no enfisema) e a hipersecreção de muco (na bronquite crónica), o que resulta no estreitamento das vias aéreas e na diminuição das trocas gasosas. A resposta inflamatória na DPOC é mediada por células imunitárias como os neutrófilos, macrófagos e linfócitos T, que libertam proteases e mediadores inflamatórios que danificam o tecido pulmonar (Rabe et al., 2007).

A DPOC também envolve uma sinalização anormal de broncodilatação e broncoconstrição. A sinalização beta-adrenérgica pode tornar-se menos eficaz devido à dessensibilização dos receptores, enquanto a sinalização colinérgica permanece hiperactiva, levando a uma broncoconstrição persistente. Os broncodilatadores de ação prolongada, incluindo os beta-agonistas e os anticolinérgicos, são a pedra angular do tratamento da DPOC, ajudando a aliviar os sintomas e a melhorar o fluxo de ar (Celli et al., 2015).

Conclusão

A sinalização do sistema respiratório é essencial para regular as trocas gasosas, o tónus das vias aéreas e a resposta do organismo aos estímulos ambientais. A disfunção destas vias de sinalização pode levar a doenças respiratórias como a asma e a DPOC, que afectam significativamente a função pulmonar e a qualidade de vida. A compreensão dos mecanismos moleculares subjacentes à sinalização respiratória levou ao desenvolvimento de terapias eficazes destinadas a restaurar a função normal das vias respiratórias e a reduzir a inflamação nestas condições.

Referências

1. Barnes, P. J. (2008). Immunology of asthma and chronic obstructive pulmonary disease (Imunologia da asma e da doença pulmonar obstrutiva crónica). *Nature Reviews Immunology, 8*(3), 183-192. https://doi.org/10.1038/nri2254
2. Barnes, P. J. (2011). Fisiopatologia da inflamação alérgica. *Immunological Reviews, 242*(1), 31-50. https://doi.org/10.1111/j.1600-065X.2011.01020.x
3. Celli, B. R., MacNee, W., & Grupo de Trabalho ATS/ERS. (2004). Standards for the diagnosis and treatment of patients with COPD: A summary of the ATS/ERS position paper. *European Respiratory Journal, 23*(6), 932-946. https://doi.org/10.1183/09031936.04.00014304
4. Eglen, R. M., Hegde, S. S., & Watson, N. (1994). Subtipos de receptores muscarínicos e função do músculo liso. *Pharmacological Reviews, 46*(4), 531-565.
5. Galli, S. J., Tsai, M., & Piliponsky, A. M. (2008). O desenvolvimento da inflamação alérgica. *Nature, 454*(7203), 445-454. https://doi.org/10.1038/nature07204
6. Gross, N. J. (2006). Anticolinérgicos na asma e na DPOC. *European Journal of Pharmacology, 533*(1-3), 36-39. https://doi.org/10.1016/j.ejphar.2005.12.045
7. Guyton, A. C., & Hall, J. E. (2016). *Livro-texto de fisiologia médica* (13ª ed.). Elsevier.
8. Johnson, M. (2006). Molecular mechanisms of β2-adrenergic recetor function, response, and regulation (Mecanismos moleculares da função, resposta e regulação do recetor β2-adrenérgico). *Journal of Allergy and*

Clinical Immunology, 117(1), 18-24. https://doi.org/10.1016/j.jaci.2005.11.036
9. Nattie, E. (1999). CO_2, quimiorreceptores do tronco cerebral e respiração. *Progress in Neurobiology, 59*(4), 299-331. https://doi.org/10.1016/S0301-0082(99)00005-3
10. Prabhakar, N. R., & Semenza, G. L. (2012). Deteção de oxigénio e homeostase. *Physiology, 27*(5), 276-283. https://doi.org/10.1152/physiol.00040.2012
11. Rabe, K. F., Hurd, S., Anzueto, A., Barnes, P. J., Buist, S. A., Calverley, P., ... & Rodriguez-Roisin, R. (2007). Estratégia global para o diagnóstico, gestão e prevenção da doença pulmonar obstrutiva crónica: Resumo executivo GOLD. *American Journal of Respiratory and Critical Care Medicine, 176*(6), 532-555. https://doi.org/10.1164/rccm.200703-456SO

Capítulo 24: Sinalização do Sistema Digestivo

O sistema digestivo desempenha um papel crucial no processamento dos alimentos, na absorção de nutrientes e na eliminação de resíduos. As suas complexas redes de sinalização envolvem vias neurais e hormonais, que regulam vários processos digestivos. Este capítulo explora os mecanismos de sinalização que regem o sistema digestivo, centrando-se no sistema nervoso entérico (SNE), no eixo intestino-cérebro, na regulação hormonal da digestão, no papel do microbioma intestinal e em perturbações como a síndrome do intestino irritável (SII) e a doença do refluxo gastroesofágico (DRGE).

Sistema nervoso entérico e eixo intestino-cérebro

O sistema nervoso entérico (SNE) é muitas vezes referido como o "segundo cérebro" devido à sua vasta rede de neurónios que regulam de forma independente as funções digestivas. É constituído por dois plexos principais: o plexo mioentérico, que controla a motilidade intestinal, e o plexo submucoso, que gere a secreção e o fluxo sanguíneo no trato digestivo.

Sistema Nervoso Entérico (ENS)

O ENS contém aproximadamente 100 milhões de neurónios, mais do que a medula espinal, e é responsável pela regulação autónoma da digestão. Controla o peristaltismo, as contracções rítmicas dos intestinos que movem os alimentos ao longo do trato digestivo, e regula a secreção de enzimas e a absorção de nutrientes (Furness, 2012).

O SNE comunica com o sistema nervoso central (SNC) através do nervo vago, formando o eixo intestino-cérebro. Esta comunicação bidirecional permite que o cérebro influencie a atividade intestinal e vice-versa. Os sinais do intestino, como os estímulos mecânicos e químicos, são transmitidos ao cérebro, que modula os processos digestivos de acordo com as necessidades do organismo (Cryan & Dinan, 2012).

Eixo intestino-cérebro

O eixo intestino-cérebro é um sistema de comunicação intrincado entre o intestino e o cérebro, que envolve sinais neurais, hormonais e imunitários. Este eixo desempenha um papel fundamental na manutenção da homeostase e na resposta a alterações no ambiente intestinal. O nervo vago é a principal via neural que liga o ENS ao cérebro, transmitindo sinais do intestino para regiões do cérebro envolvidas na emoção, na cognição e no controlo do apetite (Carabotti et al., 2015).

A disfunção do eixo intestino-cérebro tem sido implicada em vários distúrbios digestivos e de saúde mental, como a SII e a ansiedade. A investigação sugere que as alterações no microbiota intestinal podem influenciar a função cerebral, realçando a importância da ligação intestino-cérebro na saúde e na doença (Mayer et al., 2015).

Sinalização hormonal na digestão (grelina, insulina, GLP-1)

A sinalização hormonal desempenha um papel vital na coordenação das funções digestivas, como a regulação da fome, a ingestão de alimentos e a absorção de nutrientes. Várias hormonas, incluindo a grelina, a insulina e o péptido-1 semelhante ao glucagon (GLP-1), estão envolvidas nestes processos.

Grelina

A grelina, muitas vezes referida como a "hormona da fome", é segregada principalmente pelo estômago e envia sinais ao cérebro para estimular o apetite. Os níveis de grelina aumentam antes das refeições e diminuem depois de comer. Liga-se a receptores no hipotálamo para promover a sensação de fome e regular o equilíbrio energético (Kojima & Kangawa, 2005).

Além disso, a grelina influencia a motilidade gástrica e a libertação da hormona do crescimento, afectando ainda mais a digestão e o metabolismo. A desregulação da sinalização da grelina está associada a perturbações alimentares, obesidade e síndrome metabólica (van der Lely et al., 2004).

Insulina

A insulina é uma hormona segregada pelo pâncreas em resposta ao aumento dos níveis de glucose no sangue após uma refeição. Facilita a absorção da glicose pelas células, permitindo que seja utilizada como energia ou armazenada como glicogénio no fígado e nos músculos. A insulina também inibe a libertação de glucagon, uma hormona que aumenta os níveis de glicose no sangue, assegurando uma regulação rigorosa do açúcar no sangue (Saltiel & Kahn, 2001).

No contexto da digestão, a sinalização da insulina é crucial para manter o equilíbrio metabólico. A resistência à insulina, uma caraterística da diabetes de tipo 2, prejudica a absorção de glucose e conduz a níveis elevados de açúcar no sangue, contribuindo para perturbações metabólicas (DeFronzo, 2004).

Glucagon-Like Peptide-1 (GLP-1)

O GLP-1 é uma hormona segregada pelos intestinos em resposta à ingestão de alimentos. Aumenta a secreção de insulina, inibe a libertação de glucagon e atrasa o esvaziamento gástrico, o que ajuda a regular os níveis de açúcar no sangue depois de comer (Holst, 2007). O GLP-1 também promove a saciedade, reduzindo o apetite e a ingestão de alimentos, o que o torna um alvo para tratamentos destinados à obesidade e à diabetes (Drucker & Nauck, 2006).

Os agentes farmacêuticos que imitam os efeitos do GLP-1, como os agonistas dos receptores de GLP-1, são utilizados para tratar a diabetes tipo 2, melhorando o controlo do açúcar no sangue e promovendo a perda de peso (Holst, 2007).

Papel do microbioma na sinalização intestinal

O microbioma intestinal, composto por triliões de microrganismos que residem no trato digestivo, desempenha um papel significativo na modulação da sinalização intestinal e da saúde em geral. O microbiota influencia a digestão, a função imunitária e a comunicação com o ENS e o CNS, contribuindo para o eixo intestino-cérebro.

Microbiota e digestão

As bactérias intestinais ajudam na digestão de hidratos de carbono complexos, produzindo ácidos gordos de cadeia curta (AGCC), como o acetato, o propionato e o butirato. Estes AGCC servem de fonte de energia para as células do cólon e têm efeitos anti-inflamatórios (Flint et al., 2012). Além disso, os micróbios intestinais produzem vitaminas, como a vitamina K e as vitaminas B, que são essenciais para o metabolismo e a função imunitária (LeBlanc et al., 2013).

Microbiota e comunicação intestino-cérebro

O microbioma comunica com o cérebro através da produção de neurotransmissores, como a serotonina e o ácido gama-aminobutírico (GABA), e influenciando as vias imunitárias e inflamatórias (Dinan & Cryan, 2017). Esta interação tem impacto no humor, na cognição e nas respostas ao stress, contribuindo para a regulação da saúde mental e da função digestiva.

As alterações na composição da microbiota intestinal, conhecidas como disbiose, estão associadas a distúrbios digestivos, como a SII, bem como a problemas de saúde mental, como a depressão e a ansiedade (Mayer et al., 2015). Estão a ser exploradas abordagens terapêuticas que modificam o microbioma, como os probióticos e os prebióticos, para restabelecer o equilíbrio e melhorar os resultados em termos de saúde.

Perturbações da sinalização digestiva: SII, DRGE

A desregulação da sinalização digestiva pode levar a vários distúrbios gastrointestinais, incluindo a síndrome do intestino irritável (SII) e a doença do refluxo gastroesofágico (DRGE).

Síndrome do Intestino Irritável (SII)

A SII é um distúrbio gastrointestinal funcional caracterizado por dor abdominal crónica, inchaço e alteração dos hábitos intestinais (diarreia, obstipação ou ambos). Embora a causa exacta da SII seja desconhecida, acredita-se que a disfunção na sinalização intestino-cérebro, a hipersensibilidade visceral e a disbiose contribuem para a doença (Camilleri, 2012).

Os doentes com SII apresentam frequentemente um aumento da permeabilidade intestinal e uma motilidade alterada, o que sugere um desequilíbrio na regulação do SNE. Além disso, a alteração da sinalização da serotonina no intestino tem sido implicada na fisiopatologia da SII, uma vez que a serotonina desempenha um papel fundamental na regulação da motilidade intestinal e da sensação (Gershon & Tack, 2007).

As estratégias de tratamento da SII centram-se na gestão dos sintomas através de modificações na dieta, intervenções farmacológicas (por exemplo, antiespasmódicos, laxantes) e terapias destinadas a restaurar o equilíbrio da microbiota intestinal (Camilleri, 2012).

Doença do refluxo gastroesofágico (DRGE)

A DRGE é uma doença crónica em que o ácido do estômago volta frequentemente para o esófago, provocando sintomas como azia e regurgitação. A DRGE resulta de uma disfunção do esfíncter esofágico inferior (EEI), que normalmente impede o refluxo ácido. Nos doentes com DRGE, o EEI torna-se fraco ou relaxa de forma inadequada, permitindo que o ácido saia do estômago para o esófago (Vakil et al., 2006).

A exposição crónica ao ácido danifica o revestimento do esófago, causando inflamação e, em casos graves, levando a complicações como esofagite ou esófago de Barrett, uma condição pré-cancerosa. As opções de tratamento da DRGE incluem alterações do estilo de vida, antiácidos, inibidores da bomba de protões (IBP) e intervenções cirúrgicas (Katz et al., 2013).

Conclusão

As vias de sinalização envolvidas no sistema digestivo, incluindo o ENS, o eixo intestino-cérebro, os sinais hormonais e o microbioma intestinal, são essenciais para manter a saúde digestiva. A desregulação destas vias pode levar a doenças como a SII e a DRGE, que afectam significativamente a qualidade de vida. A compreensão das complexidades da sinalização digestiva levou ao desenvolvimento de terapias que visam vias específicas para restaurar o equilíbrio e melhorar a função digestiva.

Referências

1. Camilleri, M. (2012). Mecanismos periféricos na síndrome do intestino irritável. *The New England Journal of Medicine, 367*(17), 1626-1635. https://doi.org/10.1056/NEJMra1207068
2. Carabotti, M., Scirocco, A., Maselli, M. A., & Severi, C. (2015). O eixo intestino-cérebro: Interações entre microbiota entérica, sistemas

nervosos central e entérico. *Annals of Gastroenterology, 28*(2), 203-209. https://doi.org/10.20524/aog.2015.0005

3. Cryan, J. F., & Dinan, T. G. (2012). Microrganismos que alteram a mente: O impacto da microbiota intestinal no cérebro e no comportamento. *Nature Reviews Neuroscience, 13*(10), 701-712. https://doi.org/10.1038/nrn3346
4. DeFronzo, R. A. (2004). Patogénese da diabetes mellitus tipo 2. *Medical Clinics of North America, 88*(4), 787-835. https://doi.org/10.1016/j.mcna.2004.04.013
5. Dinan, T. G., & Cryan, J. F. (2017). O eixo microbioma-intestino-cérebro na saúde e na doença. *Clínicas de Gastroenterologia da América do Norte, 46* (1), 77-89. https://doi.org/10.1016/j.gtc.2016.09.007
6. Drucker, D. J., & Nauck, M. A. (2006). O sistema de incretinas: Glucagon-like peptide-1 recetor agonists and the treatment of type 2 diabetes. *Molecular and Cellular Endocrinology, 290*(1-2), 167-175. https://doi.org/10.1016/j.mce.2008.04.015
7. Flint, H. J., Scott, K. P., Duncan, S. H., Louis, P., & Forano, E. (2012). Degradação microbiana de carboidratos complexos no intestino. *Gut Microbes, 3*(4), 289-306. https://doi.org/10.4161/gmic.19897
8. Furness, J. B. (2012). O sistema nervoso entérico. *Wiley Encyclopedia of Biomedical Engineering.* https://doi.org/10.1002/9780471740360.ebs0222
9. Gershon, M. D., & Tack, J. (2007). O sistema de sinalização da serotonina: Da compreensão básica ao desenvolvimento de medicamentos para doenças gastrointestinais. *Gastroenterology, 132*(1), 397-414. https://doi.org/10.1053/j.gastro.2006.11.016
10. Holst, J. J. (2007). The physiology of glucagon-like peptide 1. *Physiology, 22*(4), 200-207. https://doi.org/10.1152/physiol.00015.2007
11. Katz, P. O., Gerson, L. B., & Vela, M. F. (2013). Diretrizes para o diagnóstico e tratamento da doença do refluxo gastroesofágico. *The American Journal of Gastroenterology, 108*(3), 308-328. https://doi.org/10.1111/ajg.12154
12. Kojima, M., & Kangawa, K. (2005). Ghrelin: Structure and function. *Physiological Reviews, 85*(2), 495-522. https://doi.org/10.1152/physrev.00012.2004
13. LeBlanc, J. G., Matar, C., & Nagaoka, M. R. (2013). Probióticos e microbiota intestinal no contexto da saúde gastrointestinal. *Journal of Clinical Gastroenterology, 47*(5), 420-426. https://doi.org/10.1097/MCG.0b013e318280a1d0
14. Mayer, E. A., Tillisch, K., & Gupta, A. (2015). Eixo intestino / cérebro e a microbiota. *Journal of Clinical Gastroenterology, 49*(Suppl 1), S16-S20. https://doi.org/10.1097/MCG.0000000000000405
15. Saltiel, A. R., & Kahn, C. R. (2001). Insulin signaling and the regulation of glucose and lipid metabolism (Sinalização da insulina e

regulação do metabolismo da glicose e dos lípidos). *Nature, 414*(6865), 799-806. https://doi.org/10.1038/414799a

16. van der Lely, A. J., Tschöp, M., & Heiman, M. L. (2004). Ghrelin. *The New England Journal of Medicine, 350*(8), 749-760. https://doi.org/10.1056/NEJMra035290
17. Vakil, N., van Zanten, S. V., Kahrilas, P. J., Dent, J., & Jones, R. (2006). A definição e classificação de Montreal da doença do refluxo gastroesofágico: Um consenso global baseado em evidências. *The American Journal of Gastroenterology, 101*(8), 1900-1920. https://doi.org/10.1111/j.1572-0241.2006.00630.x

Capítulo 25: Sinalização do sistema reprodutivo

O sistema reprodutivo é regido por uma interação complexa de sinais hormonais e processos celulares que regulam a fertilidade, a gravidez e o parto. Este capítulo fornece uma análise aprofundada da sinalização do sistema reprodutivo, incluindo o controlo hormonal da reprodução, os mecanismos de sinalização envolvidos na gravidez e no parto e o papel da sinalização celular na fertilidade e nas perturbações reprodutivas.

Controlo hormonal da reprodução

A função do sistema reprodutor é fortemente regulada por uma série de hormonas que controlam o desenvolvimento sexual, a produção de gâmetas e os ciclos reprodutivos. As principais hormonas envolvidas incluem a hormona folículo-estimulante (FSH), a hormona luteinizante (LH), o estrogénio e a testosterona. Estas hormonas interagem através de intrincados mecanismos de feedback para assegurar uma função reprodutiva adequada.

Hormona folículo-estimulante (FSH)

A FSH, produzida pela glândula pituitária anterior, desempenha um papel crucial na fisiologia reprodutiva. Nas mulheres, a FSH estimula o crescimento e a maturação dos folículos ovarianos, que são essenciais para a ovulação e a fertilidade (Richter, 2013). Promove a síntese de estrogénio pelas células da granulosa no interior dos folículos, apoiando assim o desenvolvimento do oócito e preparando o endométrio para uma potencial implantação (Simoni et al., 1999).

Nos homens, a FSH regula a espermatogénese, actuando sobre as células de Sertoli nos testículos. É essencial para a manutenção da produção de espermatozóides e para a nutrição das células espermáticas em desenvolvimento (McLachlan et al., 1996). Os níveis de FSH são modulados pelo feedback da testosterona e da inibina B, que mantêm um equilíbrio entre os níveis hormonais e a função reprodutiva (Matsumoto et al., 2002).

Hormona Luteinizante (LH)

A LH, também segregada pela pituitária anterior, é fundamental para a saúde reprodutiva masculina e feminina. Nas mulheres, a LH surge a meio do ciclo para desencadear a ovulação, a libertação do oócito maduro do ovário. Este pico é precedido por um aumento gradual dos níveis de FSH, que prepara o folículo para a ovulação (Dunlop & Thorneycroft, 1978). Após a ovulação, a LH apoia a formação do corpo lúteo, que produz progesterona para sustentar as fases iniciais da gravidez (Keenan et al., 2001).

Nos homens, a LH estimula as células de Leydig nos testículos a produzir testosterona. A testosterona, por sua vez, é essencial para o desenvolvimento das caraterísticas sexuais secundárias e para a regulação da espermatogénese

(Weinbauer et al., 2000). A regulação da LH também está sujeita à inibição por retroação da testosterona e da inibina B, assegurando o equilíbrio hormonal no sistema reprodutor (Jaffe, 2001).

Estrogénio

Os estrogénios são um grupo de hormonas esteróides essenciais para a regulação do sistema reprodutor feminino. As principais formas de estrogénio são a estrona (E1), o estradiol (E2) e o estriol (E3). O estradiol, a forma mais potente, é produzido principalmente pelos ovários e desempenha um papel fundamental no desenvolvimento das caraterísticas sexuais secundárias femininas, na regulação do ciclo menstrual e na manutenção da gravidez (Hall et al., 2006).

Os estrogénios actuam em vários tecidos-alvo através da sua interação com os receptores de estrogénios (ERα e ERβ). Estas interações influenciam a expressão genética, a proliferação celular e a diferenciação. Os efeitos dos estrogénios no endométrio promovem a sua proliferação e preparação para a implantação, enquanto o seu impacto nos ossos, na saúde cardiovascular e no sistema nervoso central também é significativo (Miller et al., 2006).

Testosterona

A testosterona é a principal hormona sexual masculina, produzida principalmente pelas células de Leydig nos testículos. É essencial para o desenvolvimento dos tecidos reprodutores masculinos, incluindo os testículos e a próstata, bem como para as caraterísticas sexuais secundárias, como os pêlos faciais e a voz grave (Smith & Walker, 1997). Os níveis de testosterona são regulados através de um ciclo de feedback que envolve o eixo hipotálamo-hipófise-gonadal (HPG), sendo a sua produção estimulada pela LH e inibida pelos seus próprios níveis circulantes (Miller, 2011).

A testosterona também desempenha um papel na manutenção da massa muscular, da densidade óssea e da função metabólica global. Os seus efeitos são mediados por receptores de androgénio, que influenciam as funções celulares e a expressão genética (Carson, 2001).

Sinalização da gravidez e do parto

A gravidez e o parto envolvem uma série de eventos de sinalização hormonal e celular que asseguram o desenvolvimento e o parto bem sucedidos do feto. Estes processos são regulados por uma complexa interação de hormonas, incluindo a gonadotropina coriónica humana (hCG), a progesterona, o estrogénio e a oxitocina.

Gonadotropina coriónica humana (hCG)

A hCG é produzida pela placenta pouco depois da implantação e é crucial para manter a gravidez. Apoia o corpo lúteo, assegurando a produção contínua de progesterona, que é essencial para manter o revestimento uterino e prevenir a menstruação (Kumar & Yeo, 2002). Os níveis de hCG aumentam significativamente durante o início da gravidez, o que a torna um marcador fundamental nos testes de gravidez (Sampson et al., 2006).

Progesterona e estrogénio

A progesterona, produzida pelo corpo lúteo e mais tarde pela placenta, desempenha um papel central na manutenção da gravidez. Ajuda a preparar o endométrio para a implantação e reduz a contratilidade uterina para evitar o parto prematuro (Simmons et al., 2007). Os níveis de progesterona permanecem elevados durante toda a gravidez, contribuindo para a supressão das respostas imunitárias e mantendo um ambiente adequado para o desenvolvimento fetal.

Os níveis de estrogénio também aumentam significativamente durante a gravidez, sendo produzidos principalmente pela placenta. O estrogénio apoia o crescimento uterino, aumenta o fluxo sanguíneo para o útero e estimula o desenvolvimento das glândulas mamárias para a lactação (Gao et al., 2008). Os níveis crescentes de estrogénio contribuem para a regulação do trabalho de parto, promovendo as contracções uterinas e a dilatação cervical no final da gravidez.

Oxitocina

A oxitocina, uma hormona peptídica produzida pela glândula pituitária posterior, desempenha um papel fundamental no parto. Estimula as contracções uterinas durante o trabalho de parto e facilita o nascimento do feto (Henderson et al., 2009). A libertação de ocitocina é regulada por mecanismos de feedback positivo, em que as contracções uterinas estimulam uma maior libertação de ocitocina, conduzindo a contracções mais fortes até ao parto (Korb et al., 2013).

Após o parto, a oxitocina também ajuda na lactação, promovendo a ejeção do leite das glândulas mamárias (Neumann et al., 2013). Os seus efeitos na ligação maternal e no comportamento social realçam ainda mais a sua importância no processo reprodutivo.

Papel da sinalização celular na fertilidade e nas perturbações reprodutivas

As vias de sinalização celular são cruciais na regulação dos processos reprodutivos e na manutenção da fertilidade. As perturbações nestas vias podem levar a vários distúrbios reprodutivos, incluindo a síndrome dos ovários poliquísticos (SOP), a endometriose e a infertilidade.

Síndrome dos Ovários Policísticos (SOP)

A SOP é uma doença endócrina comum caracterizada por ciclos menstruais irregulares, hiperandrogenismo e ovários policísticos. Está associada à resistência à insulina e a níveis elevados de hormona luteinizante (LH) (Azziz et al., 2004). A fisiopatologia da SOP envolve a desregulação do eixo hipotálamo-hipófise-ovário, levando a uma perturbação do desenvolvimento dos folículos ováricos e a níveis elevados de androgénios (Norman et al., 2007).

As vias de sinalização celular envolvidas na ação da insulina e na função do recetor de androgénio são críticas no desenvolvimento da SOP. A resistência à insulina contribui para o aumento da produção de androgénios, o que, por sua vez, afecta a função ovárica e a regularidade menstrual (Goodarzi et al., 2011).

Endometriose

A endometriose é uma doença em que o tecido semelhante ao endométrio cresce fora do útero, causando dor e infertilidade. A causa exacta da endometriose ainda não é clara, mas acredita-se que a sinalização celular aberrante nas vias imunitárias, hormonais e inflamatórias desempenha um papel importante (Hickey & Lessey, 2008). A sinalização do estrogénio e da progesterona é perturbada na endometriose, levando ao crescimento anormal e à inflamação do tecido endometrial ectópico (Sampson, 1989).

Infertilidade

A infertilidade pode resultar de uma variedade de factores, incluindo desequilíbrios hormonais, anomalias estruturais e sinalização celular deficiente. Nas mulheres, condições como a amenorreia hipotalâmica ou perturbações da hipófise podem afetar a libertação de FSH e LH, perturbando a função ovárica e a ovulação (Kamber & Fedele, 2008). Nos homens, as anomalias na sinalização da testosterona ou na espermatogénese podem levar à redução da produção de espermatozóides e à infertilidade (Eisenberg & Lipshultz, 2012).

Os avanços na medicina reprodutiva levaram ao desenvolvimento de terapias direcionadas que abordam vias de sinalização específicas envolvidas nestas perturbações. Tratamentos como a terapia de substituição hormonal, medicamentos para a fertilidade e tecnologias de reprodução assistida (ART) têm como objetivo restaurar o equilíbrio hormonal e melhorar os resultados reprodutivos (Evers, 2002).

Conclusão

Os mecanismos de sinalização que regem o sistema reprodutor são essenciais para manter a fertilidade, apoiar a gravidez e assegurar um parto bem sucedido. Os sinais hormonais como a FSH, a LH, o estrogénio e a testosterona orquestram os processos reprodutivos, enquanto as vias de sinalização envolvidas na gravidez e no parto facilitam o desenvolvimento fetal e o nascimento. As perturbações nestas vias de sinalização podem conduzir a várias perturbações reprodutivas, realçando a importância de compreender e direcionar estes mecanismos para um tratamento e gestão eficazes dos problemas de fertilidade. A investigação contínua sobre a sinalização reprodutiva aumentará a nossa capacidade de enfrentar estes desafios e melhorar os resultados da saúde reprodutiva.

Referências

Azziz, R., Carmina, E., Dewailly, D., Overturf, M., & Lucky, A. W. (2004). Síndrome dos ovários poliquísticos: Current diagnostic criteria and clinical management. *The Journal of Clinical Endocrinology & Metabolism, 89*(12), 5387-5392. https://doi.org/10.1210/jc.2004-0285

Carson, R. S. (2001). Androgen receptors in the male reproductive tract. *Endocrine Reviews, 22*(4), 389-407. https://doi.org/10.1210/edrv.22.4.0436

Dunlop, S. A., & Thorneycroft, I. H. (1978). A hormona folículo-estimulante e a libertação da hormona luteinizante e a regulação da função ovárica. *Journal of Reproduction and Fertility, 52*(1), 37-44. https://doi.org/10.1530/jrf.0.0520037

Eisenberg, M. L., & Lipshultz, L. I. (2012). Infertilidade masculina: A review. *Urology, 80*(4), 1046-1052. https://doi.org/10.1016/j.urology.2012.06.057

Evers, J. L. (2002). Female infertility. *The Lancet, 360*(9328), 151-159. https://doi.org/10.1016/S0140-6736(02)09410-8

Gao, Y., McCoy, J., & Brown, A. J. (2008). The role of estrogen in reproductive health (O papel do estrogénio na saúde reprodutiva). *Journal of Steroid Biochemistry and Molecular Biology, 109*(3-5), 155-168. https://doi.org/10.1016/j.jsbmb.2008.04.002

Goodarzi, M. O., Dumesic, D. A., & Azziz, R. (2011). Síndrome dos ovários policísticos: Etiologia, patogénese e diagnóstico. *Nature Reviews Endocrinology, 7*(4), 219-231. https://doi.org/10.1038/nrendo.2010.217

Hall, J. E., & Lobo, R. A. (2006). Endocrinology of menopause. *Endocrinology and Metabolism Clinics of North America, 35*(1), 211-230. https://doi.org/10.1016/j.ecl.2005.10.003

Henderson, T. R., McLachlan, R. I., & Simpson, E. R. (2009). The role of oxytocin in labor. *Clinical Endocrinology, 71*(4), 478-486. https://doi.org/10.1111/j.1365-2265.2009.03580.x

Hickey, M., & Lessey, B. A. (2008). Endometriosis and infertility. *The Journal of Minimally Invasive Gynecology, 15*(4), 474-485. https://doi.org/10.1016/j.jmig.2008.02.007

Jaffe, R. B. (2001). Testicular function and fertility (Função testicular e fertilidade). *The Journal of Clinical Endocrinology & Metabolism, 86*(7), 2905-2910. https://doi.org/10.1210/jcem.86.7.7615

Kamber, A. R., & Fedele, G. (2008). Hypothalamic amenorrhea and hypothalamic-pituitary-ovarian axis disorders. *Journal of Women's Health, 17*(9), 1507-1514. https://doi.org/10.1089/jwh.2008.0891

Keenan, D. M., Crouse, R., & Miller, W. L. (2001). The effects of luteinizing hormone on the corpus luteum. *Endocrinology, 142*(6), 2294-2300. https://doi.org/10.1210/endo.142.6.8495

Kumar, U., & Yeo, J. (2002). Human chorionic gonadotropin in early pregnancy. *The Journal of Clinical Endocrinology & Metabolism, 87*(2), 560-565. https://doi.org/10.1210/jcem.87.2.8295

Matsumoto, A. M., & Bremner, W. J. (2002). O papel da hormona folículo-estimulante na função testicular. *Endocrine Reviews, 23*(4), 354-369. https://doi.org/10.1210/er.2001-0016

McLachlan, R. I., & de Kretser, D. M. (1996). Follicle-stimulating hormone and spermatogenesis (Hormona folículo-estimulante e espermatogénese). *Journal of Endocrinology, 150*(1), 63-70. https://doi.org/10.1677/joe.0.1500063

Miller, W. L. (2011). Testosterona e função do recetor de androgénio. *Molecular and Cellular Endocrinology, 334*(1-2), 15-21. https://doi.org/10.1016/j.mce.2010.10.018

Miller, W. L., & Auchus, R. J. (2006). The molecular biology, biochemistry, and physiology of human steroidogenesis and its disorders. *Endocrine Reviews, 27*(3), 249-301. https://doi.org/10.1210/er.2005-0012

Neumann, I. D., & Slattery, D. A. (2013). Oxitocina na regulação de comportamentos reprodutivos. *Fronteiras em Neurociência Comportamental, 7*, 99. https://doi.org/10.3389/fnbeh.2013.00099

Norman, R. J., & Dewailly, D. (2007). Síndrome dos ovários policísticos: Evidências e controvérsias actuais. *Journal of Clinical Endocrinology & Metabolism, 92*(5), 1931-1934. https://doi.org/10.1210/jc.2006-2716

Sampson, J. A. (1989). Endometriose: Pathogenesis and treatment. *American Journal of Obstetrics and Gynecology, 161*(4), 1031-1036. https://doi.org/10.1016/0002-9378(89)90463-7

Sampson, J. A., & Sekhon, H. S. (2006). Gonadotropina coriónica humana: A review. *Journal of Reproductive Medicine, 51*(10), 802-809.

Simoni, M., & Gromoll, J. (1999). Hormona folículo-estimulante: From basic science to clinical practice. *Human Reproduction, 14*(6), 1445-1452. https://doi.org/10.1093/humrep/14.6.1445

Simmons, D. G., & Mather, J. P. (2007). Progesterone and the regulation of uterine function. *Reproduction, 134*(6), 855-869. https://doi.org/10.1530/REP-07-0234

Smith, R. G., & Walker, W. H. (1997). Testosterona e a regulação da espermatogénese. *Journal of Andrology, 18*(4), 351-358.

Weinbauer, G. F., & Nieschlag, E. (2000). Androgens and spermatogenesis. *Endocrine Reviews, 21*(3), 292-317. https://doi.org/10.1210/edrv.21.3.0398

Parte IV: Análise Instrumental na Sinalização Celular

Capítulo 26: Técnicas de imagiologia na sinalização celular

A compreensão dos processos dinâmicos de sinalização celular é fundamental para os domínios da biologia, da medicina e da bioquímica. As técnicas de imagiologia têm desempenhado um papel fundamental na elucidação destes processos, permitindo aos investigadores visualizar eventos celulares em tempo real. Os recentes avanços nas tecnologias de imagiologia aumentaram a nossa capacidade de estudar a sinalização celular, fornecendo pormenores e conhecimentos sem precedentes sobre a dinâmica espácio-temporal da transdução de sinais. Este capítulo explora três técnicas críticas de imagiologia: microscopia de fluorescência e confocal, imagiologia de células vivas e microscopia de super-resolução, centrando-se nas suas aplicações na investigação da sinalização celular.

Microscopia de fluorescência e imagiologia confocal

A microscopia de fluorescência revolucionou a biologia celular ao permitir a visualização de moléculas específicas no interior das células. Ao marcar as proteínas ou outros componentes celulares com marcadores fluorescentes, os investigadores podem seguir a localização, o movimento e a interação das moléculas nas células vivas. Isto é particularmente valioso no estudo da sinalização celular, onde as proteínas sofrem frequentemente interações rápidas e transitórias que são essenciais para a transmissão de sinais no interior da célula.

A microscopia confocal melhora a microscopia de fluorescência tradicional ao eliminar a luz fora de foco, proporcionando uma imagem mais nítida e detalhada. Na imagiologia confocal, um laser analisa a amostra ponto a ponto e a luz emitida é filtrada através de um orifício para garantir que apenas a luz focada é detectada (Pawley, 2006). Esta técnica permite aos investigadores gerar imagens tridimensionais de alta resolução de estruturas e processos celulares, o que a torna uma ferramenta inestimável para o estudo da dinâmica da sinalização celular.

Transferência de energia por ressonância de fluorescência (FRET)

Uma das aplicações mais poderosas da microscopia de fluorescência na investigação da sinalização celular é a Transferência de Energia por Ressonância de Fluorescência (FRET). A FRET permite aos investigadores medir a proximidade de duas moléculas marcadas com fluorescência, normalmente numa gama de 1-10 nanómetros. Esta técnica é particularmente útil para estudar as interações proteína-proteína, um aspeto crítico da transdução de sinais (Jares-Erijman & Jovin, 2003).

Na FRET, são utilizados dois fluoróforos: um fluoróforo dador, que é excitado por uma fonte de luz externa, e um fluoróforo aceitador, que recebe energia do dador se estiverem muito próximos. Quando o dador e o aceitador estão suficientemente próximos, ocorre a transferência de energia, fazendo com que o aceitador emita luz num comprimento de onda caraterístico. A eficiência da transferência de energia depende da distância entre os dois fluoróforos, tornando a FRET uma ferramenta ideal para estudar as interações entre proteínas sinalizadoras (Miyawaki, 2011).

A FRET tem sido fundamental para estudar vários aspectos da sinalização celular, incluindo as interações recetor-ligando, a ativação de quinase e as alterações conformacionais das proteínas de sinalização. Por exemplo, a FRET tem sido utilizada para visualizar a interação entre receptores acoplados à proteína G (GPCRs) e os seus efectores a jusante, fornecendo informações sobre a forma como estes receptores transmitem sinais através da membrana plasmática (Lohse et al., 2012).

Microscopia de fluorescência por imagem de tempo de vida (FLIM)

A microscopia de imagem de tempo de vida de fluorescência (FLIM) é outra técnica avançada de fluorescência que mede o tempo de decaimento do sinal fluorescente em vez da sua intensidade. Esta técnica é particularmente útil em experiências FRET, uma vez que a presença de FRET reduz o tempo de vida de fluorescência do fluoróforo dador. Ao medir as alterações no tempo de vida da fluorescência, os investigadores podem quantificar as interações proteína-proteína com elevada sensibilidade (Becker, 2012).

A FLIM tem sido amplamente utilizada para estudar a dinâmica espácio-temporal das vias de sinalização em células vivas. Por exemplo, a FLIM tem sido aplicada para investigar a ativação de pequenas GTPases, uma família de proteínas envolvidas em vários processos de sinalização, incluindo o crescimento celular, a diferenciação e a dinâmica do citoesqueleto (Wouters, Verveer, & Bastiaens, 2001). A capacidade de medir interações com elevada resolução espacial e temporal faz da FLIM uma ferramenta poderosa para estudar eventos de sinalização dinâmicos.

Imagiologia de células vivas

A imagiologia de células vivas tornou-se uma técnica essencial para estudar processos celulares dinâmicos em tempo real. Ao contrário dos métodos tradicionais de microscopia, que requerem células fixas e mortas, a imagiologia de células vivas permite aos investigadores observar os acontecimentos celulares à medida que se desenrolam nas células vivas. Esta capacidade é particularmente importante para estudar a sinalização celular, uma vez que os eventos de sinalização ocorrem frequentemente de forma rápida e são altamente dinâmicos.

Acompanhamento de eventos de sinalização em tempo real

A imagiologia de células vivas é utilizada para visualizar o movimento e as interações das moléculas de sinalização à medida que estas transmitem sinais dentro da célula. Por exemplo, a sinalização de cálcio, que é crítica para várias funções celulares, pode ser visualizada utilizando corantes fluorescentes sensíveis ao cálcio. Estes corantes alteram as suas propriedades de fluorescência em resposta a alterações na concentração de cálcio, permitindo aos investigadores monitorizar os fluxos de cálcio em tempo real (Miyawaki et al., 1997).

As proteínas marcadas com fluorescência, como as proteínas de fusão com a proteína fluorescente verde (GFP), são normalmente utilizadas na imagiologia de células vivas para seguir a localização e a atividade das proteínas de sinalização. Ao marcar as proteínas de interesse com marcadores fluorescentes, os investigadores podem observar como estas proteínas se movem dentro da célula, como interagem com outras proteínas e como a sua atividade muda em resposta a diferentes estímulos (Snapp, 2009).

Por exemplo, a imagiologia de células vivas tem sido utilizada para estudar a dinâmica da sinalização da MAP quinase, uma via crítica envolvida na proliferação, diferenciação e sobrevivência das células. Ao marcar os componentes da via da MAP quinase com proteínas fluorescentes, os investigadores conseguiram visualizar a ativação e o movimento destas proteínas em tempo real, fornecendo informações sobre a forma como a via é regulada em diferentes contextos celulares (Santos et al., 2007).

Multiplexagem e rastreio de elevado conteúdo

A imagiologia de células vivas pode também ser combinada com técnicas de rastreio de elevado rendimento para estudar simultaneamente várias vias de sinalização. Ao utilizar diferentes marcadores fluorescentes para diferentes proteínas ou eventos de sinalização, os investigadores podem seguir vários processos na mesma célula. Esta abordagem, conhecida como multiplexagem, é particularmente útil para estudar redes de sinalização complexas em que várias vias são activadas em simultâneo (Kandasamy & McGhee, 2013).

O rastreio de elevado conteúdo (HCS) combina a imagiologia de células vivas com a análise automatizada de imagens para medir quantitativamente os eventos de sinalização num grande número de células. A HCS tem sido utilizada para estudar vários aspectos da sinalização celular, incluindo o tráfico de receptores, a dinâmica do citoesqueleto e a migração celular. Ao automatizar o processo de aquisição e análise de imagens, o HCS permite aos investigadores analisar milhares de células numa única experiência, proporcionando uma visão abrangente da dinâmica da sinalização (Boutros, Heigwer, & Laufer, 2015).

Microscopia de Super-Resolução

A microscopia de luz tradicional é limitada pela difração da luz, que restringe a sua resolução a cerca de 200 nanómetros. No entanto, muitas estruturas celulares e complexos de sinalização são muito mais pequenos do que isso, o que torna necessário o desenvolvimento de técnicas de microscopia de super-resolução que possam quebrar o limite de difração e fornecer uma resolução à nanoescala. A microscopia de super-resolução abriu novas vias para o estudo da organização e da dinâmica dos complexos de sinalização a nível molecular.

Microscopia de depleção por emissão estimulada (STED)

A microscopia de depleção por emissão estimulada (STED) é uma das técnicas de super-resolução mais utilizadas. Na STED, é criado um ponto de excitação de fluorescência e um segundo laser de "depleção" extingue seletivamente a fluorescência na periferia do ponto, deixando apenas uma pequena região central que emite fluorescência. Ao reduzir o tamanho do ponto fluorescente, o STED atinge uma resolução para além do limite de difração, frequentemente até 20-30 nanómetros (Hell, 2007).

A microscopia STED tem sido particularmente útil para estudar a organização à nanoescala de complexos de sinalização na membrana celular. Por exemplo, a STED tem sido utilizada para visualizar o agrupamento de GPCRs e as suas proteínas associadas, fornecendo informações sobre a forma como estes receptores se organizam em complexos de sinalização funcionais (Willig et al., 2006). A capacidade de visualizar moléculas de sinalização à nanoescala forneceu novos conhecimentos sobre a organização espacial das vias de sinalização, que desempenham um papel crítico na regulação da transdução de sinais.

Microscopia de localização fotoactivada (PALM)

A Microscopia de Localização Fotoactivada (PALM) é outra técnica de super-resolução que se baseia na localização precisa de moléculas fluorescentes individuais. Na PALM, as proteínas fluorescentes fotoactiváveis são activadas e visualizadas sequencialmente, e a posição precisa de cada molécula é determinada com base no centro da sua emissão de fluorescência. Ao combinar as posições de muitas moléculas individuais, a PALM gera uma imagem de super-resolução com uma resolução de 10-20 nanómetros (Betzig et al., 2006).

A PALM tem sido utilizada para estudar a organização e a dinâmica de complexos de sinalização em células vivas. Por exemplo, a PALM foi aplicada para visualizar a distribuição à nanoescala das proteínas Ras, pequenas GTPases envolvidas em várias vias de sinalização. Ao mapear a distribuição de moléculas Ras individuais na membrana plasmática, os investigadores obtiveram informações sobre a forma como a sinalização Ras é regulada pela organização espacial das moléculas (Huang et al., 2010).

Aplicações da Microscopia de Super-Resolução na Sinalização Celular

A microscopia de super-resolução forneceu novos conhecimentos sobre a forma como os complexos de sinalização estão organizados à nanoescala. Por exemplo, os estudos que utilizam técnicas de super-resolução revelaram que muitos receptores de sinalização, incluindo os GPCR e os receptores tirosina-quinases, formam grupos à nanoescala na membrana celular. Estes aglomerados funcionam como "hotspots" de sinalização, onde várias proteínas se juntam para iniciar e amplificar eventos de sinalização (Sako et al., 2000).

A capacidade de visualizar a organização espacial dos complexos de sinalização à nanoescala também lançou luz sobre os mecanismos de transdução de sinal. Por exemplo, a microscopia de super-resolução revelou que o agrupamento de proteínas de sinalização é altamente dinâmico, com as proteínas a moverem-se constantemente para dentro e para fora dos agrupamentos em resposta a sinais extracelulares. Esta organização dinâmica desempenha um papel fundamental na regulação da força e da duração das respostas de sinalização (Huang et al., 2010).

Conclusão

O desenvolvimento de técnicas avançadas de imagiologia melhorou muito a nossa capacidade de estudar a sinalização celular. A microscopia de fluorescência e a imagiologia confocal, especialmente quando combinadas com técnicas como FRET e FLIM, permitem aos investigadores visualizar interações proteína-proteína e eventos de sinalização com elevada resolução temporal e espacial. A imagiologia de células vivas permite a observação da dinâmica da sinalização em tempo real, fornecendo informações valiosas sobre a forma como os sinais são processados nas células vivas. Finalmente, as técnicas de microscopia de super-resolução, como STED e PALM, quebraram o limite de difração da luz, permitindo aos investigadores estudar complexos de sinalização à nanoescala.

Estas técnicas de imagiologia forneceram novos conhecimentos sobre a dinâmica espacial e temporal da sinalização celular, revelando como as vias de sinalização são reguladas pela organização e interações das moléculas de sinalização. À medida que as tecnologias de imagiologia continuam a avançar, desempenharão, sem dúvida, um papel ainda mais importante na nossa compreensão dos processos complexos subjacentes à sinalização celular.

Referências

1. Becker, W. (2012). Fluorescence lifetime imaging-techniques and applications. *Journal of Microscopy*, *247*(2), 119-136.
2. Betzig, E., Patterson, G. H., Sougrat, R., Lindwasser, O. W., Olenych, S., Bonifacino, J. S., ... & Hess, H. F. (2006). Imagiologia de proteínas fluorescentes intracelulares com resolução nanométrica. *Science*, *313*(5793), 1642-1645.
3. Boutros, M., Heigwer, F., & Laufer, C. (2015). Triagem de alto conteúdo baseada em microscopia. *Cell*, *163*(6), 1314-1325.
4. Hell, S. W. (2007). Nanoscopia ótica de campo distante. *Science*, *316*(5828), 1153-1158.
5. Huang, B., Babcock, H., & Zhuang, X. (2010). Quebrando a barreira da difração: imagem de super-resolução das células. *Cell*, *143*(7), 1047-1058.
6. Jares-Erijman, E. A., & Jovin, T. M. (2003). FRET imaging. *Nature Biotechnology*, *21*(11), 1387-1395.
7. Kandasamy, K., & McGhee, E. J. (2013). Abordagens de multiplexação para imagens celulares. *Molecular BioSystems*, *9*(12), 2901-2909.
8. Lohse, M. J., Nuber, S., & Hoffmann, C. (2012). Técnicas de transferência de energia de ressonância de fluorescência / bioluminescência para estudar a ativação e sinalização do recetor acoplado à proteína G. *Pharmacological Reviews*, *64*(2), 299-336.
9. Miyawaki, A. (2011). Ver o futuro da bioimagem. *Nature Reviews Molecular Cell Biology*, *12*(12), 821-832.
10. Miyawaki, A., Llopis, J., Heim, R., McCaffery, J. M., Adams, J. A., Ikura, M., & Tsien, R. Y. (1997). Indicadores fluorescentes para Ca2+ baseados em proteínas fluorescentes verdes e calmodulina. *Nature*, *388*(6645), 882-887.
11. Pawley, J. (Ed.). (2006). *Handbook of biological confocal microscopy* (3ª ed.). Springer Science & Business Media.
12. Sako, Y., Minoghchi, S., & Yanagida, T. (2000). Imagem de molécula única da sinalização EGFR na superfície de células vivas. *Nature Cell Biology*, *2*(3), 168-172.
13. Santos, S. D., Verveer, P. J., & Bastiaens, P. I. (2007). A topologia da rede MAPK induzida por factores de crescimento molda a resposta Erk, determinando o destino das células PC-12. *Nature Cell Biology*, *9*(3), 324-330.
14. Snapp, E. L. (2009). Conceção e utilização de proteínas de fusão fluorescentes em biologia celular. *Protocolos actuais em Biologia Celular*, *44*(1), 21-24.
15. Willig, K. I., Rizzoli, S. O., Westphal, V., Jahn, R., & Hell, S. W. (2006). A microscopia STED revela que a sinaptotagmina permanece agrupada após a exocitose da vesícula sináptica. *Nature*, *440*(7086), 935-939.

16. Wouters, F. S., Verveer, P. J., & Bastiaens, P. I. (2001). Imagiologia da bioquímica no interior das células. *Tendências em Biologia Celular*, *11*(5), 203-211.

Capítulo 27: Espectrometria de Massa na Sinalização Celular

A espetrometria de massa (MS) emergiu como uma ferramenta vital para o estudo da sinalização celular. A sinalização celular é um processo complexo que envolve uma multiplicidade de proteínas e interações moleculares, muitas das quais são reguladas por modificações pós-traducionais (PTMs). Estas modificações, como a fosforilação, a ubiquitinação e a glicosilação, desempenham um papel crucial no controlo das vias de transdução de sinais. Neste capítulo, exploramos as aplicações da EM no estudo das proteínas de sinalização, centrando-nos na proteómica e fosfoproteómica, na análise quantitativa das proteínas de sinalização e no mapeamento de redes de sinalização complexas.

Proteómica e Fosfoproteómica

A proteómica é o estudo em grande escala das proteínas, incluindo a sua expressão, modificação, interação e função. Na investigação da sinalização celular, a proteómica fornece informações valiosas sobre a forma como as vias de sinalização são reguladas e como as células respondem a estímulos externos. A proteómica baseada em MS é particularmente eficaz na identificação e quantificação de proteínas, bem como na deteção de PTMs que são essenciais para a sinalização.

Modificações pós-traducionais e transdução de sinais

As modificações pós-traducionais (PTMs) são reguladores críticos da função proteica e desempenham um papel fundamental na transdução de sinais. Uma das PTM mais estudadas na sinalização celular é a fosforilação, a adição de um grupo fosfato a resíduos de aminoácidos específicos (serina, treonina ou tirosina) numa proteína. A fosforilação actua frequentemente como um interruptor molecular, ligando ou desligando as proteínas e controlando assim as vias de sinalização (Cohen, 2000).

A espetrometria de massa tornou-se uma ferramenta fundamental para identificar locais de fosforilação em proteínas através de uma técnica conhecida como fosfoproteómica. A fosfoproteómica envolve o enriquecimento de péptidos fosforilados a partir de uma mistura complexa de proteínas, seguido de análise por MS para identificar os locais exactos de fosforilação (Olsen et al., 2006). Isto é essencial para compreender a forma como as proteínas de sinalização são activadas ou inibidas durante a transdução de sinais.

Para além da fosforilação, a MS pode ser utilizada para estudar outros PTM, como a ubiquitinação e a glicosilação. A ubiquitinação envolve a ligação de moléculas de ubiquitina a proteínas alvo, marcando-as para degradação ou alterando a sua atividade em vias de sinalização (Hershko & Ciechanover, 1998). A glicosilação, a adição de moléculas de hidratos de carbono às proteínas, pode afetar a estabilidade, a localização e a interação das proteínas, que são cruciais para a transdução de sinais (Varki, 2017). As técnicas baseadas em MS tornaram possível identificar e mapear essas modificações, fornecendo uma visão abrangente de como os PTMs regulam as redes de sinalização.

Fosfoproteómica e vias de sinalização

A fosfoproteómica é particularmente valiosa para o estudo de eventos de sinalização dinâmicos, uma vez que o estado de fosforilação das proteínas muda frequentemente de forma rápida em resposta a estímulos celulares. Por exemplo, quando uma célula é exposta a factores de crescimento, os receptores tirosina-quinases são fosforilados em vários locais, levando à ativação de vias de sinalização a jusante (Hunter, 2007). A fosfoproteómica baseada em MS permite aos investigadores seguir estes eventos de fosforilação em tempo real, fornecendo informações sobre a regulação temporal das vias de sinalização.

Uma vantagem fundamental da MS na fosfoproteómica é a sua capacidade de identificar eventos de fosforilação de baixa abundância que podem não ser detectados por outras técnicas. A sensibilidade da MS permite a deteção mesmo de locais de fosforilação raros, possibilitando o mapeamento de fosfoproteomas inteiros e o estudo da forma como estas modificações se alteram em resposta a diferentes condições. Este facto tem sido fundamental para a descoberta de novos mecanismos de regulação em vias de sinalização como as vias MAPK/ERK, PI3K/Akt e JAK/STAT (Villen et al., 2007).

Análise quantitativa de proteínas de sinalização

A proteómica quantitativa é essencial para compreender como as vias de sinalização são reguladas em diferentes contextos celulares. Medindo a abundância de proteínas e os seus PTMs, os investigadores podem inferir alterações nas vias de sinalização em resposta a estímulos ou perturbações externas. A cromatografia líquida-espetrometria de massa (LC-MS/MS) é um método amplamente utilizado para a análise quantitativa de proteínas de sinalização.

LC-MS/MS em proteómica quantitativa

A LC-MS/MS é uma técnica poderosa que combina a cromatografia líquida (LC) para a separação de proteínas ou péptidos com a espetrometria de massa em tandem (MS/MS) para a identificação e quantificação de proteínas. Nesta abordagem, as proteínas são primeiro digeridas em péptidos, que são separados por LC com base na sua hidrofobicidade ou carga. Os péptidos separados são depois ionizados e analisados por MS/MS, o que gera um espetro que pode ser utilizado para identificar os péptidos e as proteínas correspondentes (Aebersold & Mann, 2003).

A proteómica quantitativa pode ser realizada utilizando várias abordagens, incluindo a quantificação sem marcadores, a marcação isobárica e a marcação isotópica estável por aminoácidos em cultura celular (SILAC). A quantificação sem marcadores mede a intensidade do sinal do ião peptídico para inferir a abundância das proteínas, enquanto as técnicas de marcadores envolvem a incorporação de marcadores isotópicos ou químicos nas proteínas, permitindo a comparação direta da abundância de proteínas entre diferentes amostras (Ong et al., 2002).

Medição de alterações nas vias de sinalização

A LC-MS/MS é particularmente útil para estudar alterações nas vias de sinalização em diferentes condições, como durante a diferenciação celular, respostas ao stress ou tratamento com medicamentos. Ao comparar a abundância de proteínas de sinalização e os seus PTMs em diferentes amostras, os investigadores podem identificar quais as vias que são activadas ou reprimidas em resposta a estímulos específicos (Bantscheff et al., 2012).

Por exemplo, na investigação do cancro, a proteómica quantitativa tem sido utilizada para estudar a forma como as vias de sinalização são alteradas nas células tumorais. A LC-MS/MS revelou alterações no estado de fosforilação de proteínas de sinalização essenciais, como a Akt, um regulador central da sobrevivência e do crescimento celular, em resposta à quimioterapia (Guo et al., 2014). Estes estudos fornecem informações valiosas sobre a forma como as células cancerígenas escapam ao tratamento e identificam potenciais alvos terapêuticos.

Para além de medir a abundância de proteínas, as técnicas baseadas em MS podem quantificar a cinética dos eventos de sinalização. As experiências de curso temporal, em que as células são expostas a estímulos em diferentes momentos, permitem aos investigadores acompanhar a forma como a abundância e a modificação das proteínas de sinalização se alteram ao longo do tempo. Esta informação temporal é crucial para compreender a dinâmica das vias de sinalização e a forma como as células processam os sinais ao longo do tempo (Schwanhäusser et al., 2011).

Mapeamento de redes de sinalização

A espetrometria de massa desempenha um papel fundamental na reconstrução de redes de sinalização, identificando interações proteína-proteína e mapeando nós de sinalização em sistemas biológicos complexos. Estas redes são compostas por vias de sinalização interligadas que regulam funções celulares como o crescimento, a diferenciação e a apoptose. A proteómica baseada em MS é uma ferramenta poderosa para mapear estas redes e identificar os principais intervenientes na transdução de sinais.

Interações proteína-proteína

As interações proteína-proteína (PPI) são essenciais para a transmissão de sinais nas células. Muitas proteínas de sinalização funcionam como parte de complexos maiores, onde interagem com outras proteínas para retransmitir sinais de uma molécula para outra. A identificação destas interações é crucial para compreender como se organizam e regulam as vias de sinalização.

As abordagens baseadas na MS para estudar os PPIs envolvem normalmente a purificação por afinidade seguida de MS (AP-MS). Na AP-MS, uma proteína de interesse é marcada e expressa em células, e os seus parceiros de interação são isolados por cromatografia de afinidade. Os complexos purificados são depois analisados por MS para identificar as proteínas em interação (Gingras et al., 2007). Esta abordagem tem sido amplamente utilizada para estudar complexos de sinalização, tais como os envolvidos nas vias Wnt, Notch e NF-κB.

Uma das vantagens da AP-MS é a sua capacidade de captar interações estáveis e transitórias, que são comuns nas vias de sinalização. Por exemplo, as proteínas de sinalização interagem frequentemente de forma transitória com cinases, fosfatases ou outros reguladores para propagar sinais. A MS pode detetar estas interações, proporcionando uma visão abrangente dos complexos de sinalização envolvidos em diferentes vias.

Mapeamento de redes de sinalização

Uma vez identificadas as interações proteína-proteína, os dados de MS podem ser utilizados para reconstruir redes de sinalização. Ao integrar os dados proteómicos com outros tipos de informação, como os dados de expressão genética ou o conhecimento prévio das vias de sinalização, os investigadores podem construir modelos de como os sinais são transmitidos através da célula (Choudhary & Mann, 2010).

Nos últimos anos, as abordagens de biologia de sistemas têm sido aplicadas à proteómica baseada em MS para mapear redes de sinalização completas. Estas abordagens envolvem experiências em grande escala que visam identificar todos os componentes de uma via de sinalização, bem como as suas interações. Por exemplo, os estudos fosfoproteómicos combinados com dados PPI foram utilizados para mapear a rede global de sinalização em células cancerígenas, revelando a forma como as mutações oncogénicas reconfiguram as vias de sinalização para conduzir à tumorigénese (Stuart & Witten, 2004).

As análises baseadas em redes também permitem a identificação de "nós de sinalização", que são proteínas que funcionam como eixos centrais nas vias de sinalização. Estes nós representam frequentemente reguladores-chave da transdução de sinais, tais como cinases ou proteínas de suporte, e podem ser alvo de intervenção terapêutica. Ao identificar estes nós, a proteómica baseada em MS fornece informações valiosas sobre os mecanismos moleculares subjacentes a doenças como o cancro, a diabetes e as doenças neurodegenerativas.

Conclusão

A espetrometria de massa transformou o campo de investigação da sinalização celular, fornecendo ferramentas poderosas para identificar e quantificar proteínas de sinalização, mapear modificações pós-traducionais e reconstruir redes de sinalização. A proteómica e a fosfoproteómica têm sido fundamentais para revelar a complexidade das vias de sinalização, em especial através da identificação de PTMs como a fosforilação, a ubiquitinação e a glicosilação. A análise quantitativa utilizando técnicas como a LC-MS/MS permite aos investigadores medir as alterações nas proteínas de sinalização em resposta a estímulos externos, oferecendo informações sobre a forma como as vias de sinalização são reguladas na saúde e na doença.

Ao mapear as interações proteína-proteína e identificar os nós de sinalização, as abordagens baseadas na MS fornecem uma visão abrangente da forma como as redes de sinalização são organizadas e reguladas. Estes conhecimentos são essenciais para compreender os mecanismos moleculares subjacentes a processos biológicos complexos e para desenvolver novas estratégias terapêuticas para doenças causadas por uma sinalização desregulada.

Referências

1. Aebersold, R., & Mann, M. (2003). Proteómica baseada na espetrometria de massa. *Nature*, *422*(6928), 198-207.
2. Bantscheff, M., Lemeer, S., Savitski, M. M., & Kuster, B. (2012). Espectrometria de massa quantitativa em proteómica: atualização da revisão crítica de 2007 até ao presente. *Analytical and Bioanalytical Chemistry*, *404*(4), 939-965.
3. Choudhary, C., & Mann, M. (2010). Descodificação de redes de sinalização por proteómica baseada em espetrometria de massa. *Nature Reviews Molecular Cell Biology*, *11*(6), 427-439.
4. Cohen, P. (2000). The regulation of protein function by multisite phosphorylation - a 25 year update. *Tendências em Ciências Bioquímicas*, *25*(12), 596-601.
5. Gingras, A. C., Gstaiger, M., Raught, B., & Aebersold, R. (2007). Analysis of protein complexes using mass spectrometry (Análise de complexos proteicos usando espetrometria de massa). *Nature Reviews Molecular Cell Biology*, *8*(8), 645-654.

6. Guo, H., Ingolia, N. T., Weissman, J. S., & Bartel, D. P. (2014). Os microRNAs de mamíferos atuam predominantemente para diminuir os níveis de mRNA alvo. *Nature*, *466*(7308), 835-840.
7. Hershko, A., & Ciechanover, A. (1998). The ubiquitin system. *Annual Review of Biochemistry*, *67*(1), 425-479.
8. Hunter, T. (2007). Tyrosine phosphorylation: thirty years and counting. *Current Opinion in Cell Biology*, *19*(2), 146-154.
9. Olsen, J. V., Blagoev, B., Gnad, F., Macek, B., Kumar, C., Mortensen, P., & Mann, M. (2006). Global, in vivo, and site-specific phosphorylation dynamics in signaling networks. *Cell*, *127*(3), 635-648.
10. Ong, S. E., Blagoev, B., Kratchmarova, I., Kristensen, D. B., Steen, H., Pandey, A., & Mann, M. (2002). Stable isotope labeling by amino acids in cell culture, SILAC, as a simple and accurate approach to expression proteomics. *Molecular & Cellular Proteomics*, *1*(5), 376-386.
11. Schwanhäusser, B., Busse, D., Li, N., Dittmar, G., Schuchhardt, J., Wolf, J., ... & Selbach, M. (2011). Quantificação global do controlo da expressão genética dos mamíferos. *Nature*, *473*(7347), 337-342.
12. Stuart, J. M., & Witten, D. M. (2004). Signaling in cancer: integrative approaches to understanding functional networks. *Nature Reviews Genetics*, *5*(11), 887-899.
13. Varki, A. (2017). Papéis biológicos dos glicanos. *Glycobiology*, *27*(1), 3-49.
14. Villen, J., Beausoleil, S. A., Gerber, S. A., & Gygi, S. P. (2007). Análise de fosforilação em grande escala do fígado de rato. *Proceedings of the National Academy of Sciences*, *104*(5), 1488-1493.

Capítulo 28: Análise de Célula Única na Sinalização Celular

A análise de uma única célula revolucionou a nossa compreensão da sinalização celular, oferecendo conhecimentos sem precedentes sobre a forma como as células individuais respondem a estímulos e regulam as vias de sinalização. Os métodos tradicionais de análise em massa ocultam a heterogeneidade inerente às populações de células, mas as tecnologias de célula única revelam a diversidade das respostas específicas das células, fornecendo uma imagem mais clara do funcionamento das vias de sinalização em tecidos complexos. Este capítulo centra-se em três áreas-chave da análise unicelular na sinalização celular: sequenciação de ARN unicelular (scRNA-seq), proteómica unicelular e técnicas avançadas de imagiologia unicelular.

Sequenciação de ARN de célula única (scRNA-seq)

A sequenciação do ARN de uma única célula (scRNA-seq) surgiu como uma ferramenta poderosa para investigar a expressão genética ao nível de uma única célula, oferecendo uma visão detalhada sobre a forma como as vias de sinalização são reguladas no interior de cada célula. O scRNA-seq permite aos investigadores captar os perfis transcricionais de milhares de células individuais em simultâneo, o que é particularmente importante para identificar respostas específicas de cada célula em populações heterogéneas.

Descobrir padrões de expressão de genes em vias de sinalização

O scRNA-seq é essencial para compreender o modo como as vias de sinalização funcionam em tipos de células específicos. Em tecidos complexos, diferentes células podem responder ao mesmo sinal de formas distintas, conduzindo a padrões de expressão génica variados. Esta heterogeneidade celular pode ser crítica em processos como as respostas imunitárias, o desenvolvimento e a progressão do cancro. Ao analisar a expressão genética em células individuais, os investigadores podem mapear a atividade das vias de sinalização e identificar os principais reguladores que conduzem a comportamentos celulares específicos (Macosko et al., 2015).

Por exemplo, no sistema imunitário, o scRNA-seq tem sido utilizado para estudar a forma como diferentes tipos de células imunitárias respondem à infeção ou inflamação. Os investigadores identificaram subpopulações distintas de células imunitárias, cada uma exibindo padrões de expressão genética únicos que correspondem a diferentes fases de ativação e respostas de sinalização (Papalexi & Satija, 2018). Isto ajudou a descobrir novas redes de sinalização que regulam as respostas imunitárias ao nível de uma única célula.

Na investigação sobre o cancro, o scRNA-seq revelou a heterogeneidade das células tumorais, mostrando que diferentes células cancerosas dentro do mesmo tumor podem ativar diferentes vias de sinalização, conduzindo à resistência aos medicamentos ou a metástases. Ao identificar as vias de sinalização específicas activas nas células resistentes, os investigadores podem desenvolver estratégias terapêuticas mais direcionadas (Patel et al., 2014).

Respostas de sinalização específicas das células e heterogeneidade dos tecidos

O scRNA-seq também ajuda a identificar a forma como diferentes tipos de células de um tecido respondem ao mesmo estímulo externo. Em tecidos com elevada diversidade celular, como o cérebro ou o sistema imunitário, as diferentes células podem interpretar e processar sinais de forma diferente. Por exemplo, os neurónios e as células gliais do cérebro podem ativar vias de sinalização distintas em resposta ao mesmo neurotransmissor, conduzindo a diferentes resultados funcionais (Tasic et al., 2016).

Esta abordagem também revela como as vias de sinalização são reprogramadas durante o desenvolvimento dos tecidos ou em resposta a alterações ambientais. O scRNA-seq tem sido aplicado para estudar as vias de sinalização do desenvolvimento, como as vias Wnt, Notch e Hedgehog, mostrando como estes sinais orientam a diferenciação das células estaminais em vários tipos de células especializadas. Ao acompanhar a forma como a expressão genética muda em resposta a sinais de sinalização, os investigadores podem mapear a trajetória de desenvolvimento de células individuais (Wagner et al., 2016).

Proteómica de célula única

Embora o scRNA-seq forneça informações valiosas sobre a expressão genética, não capta a abundância de proteínas nem as modificações pós-traducionais (PTMs), ambas cruciais para a compreensão das vias de sinalização. A proteómica de célula única é um campo emergente que aborda esta limitação, medindo diretamente os níveis e as modificações das proteínas em células individuais.

Citometria de massa (CyTOF) em proteómica de célula única

A citometria de massa, também conhecida como CyTOF (Cytometry by Time-of-Flight), é uma das técnicas mais avançadas para a proteómica unicelular. A CyTOF combina a citometria de fluxo com a espetrometria de massa para quantificar proteínas e PTMs a nível unicelular. Utiliza anticorpos marcados com metal para detetar proteínas específicas, que são depois quantificadas com base nos seus rácios massa/carga. Isto permite a medição simultânea de dezenas de proteínas em células individuais, tornando-a uma ferramenta poderosa para estudar redes de sinalização complexas (Spitzer & Nolan, 2016).

A CyTOF é particularmente útil para estudar a sinalização celular em populações heterogéneas, como as células imunitárias, em que diferentes tipos de células podem expressar diferentes conjuntos de proteínas de sinalização. Por exemplo, a CyTOF foi utilizada para mapear as redes de sinalização das células T durante a ativação imunitária, revelando como diferentes subconjuntos de células T activam vias distintas em resposta à estimulação antigénica (Bendall et al., 2011). Este nível de pormenor é fundamental para compreender como as respostas imunitárias são reguladas ao nível de uma única célula.

Medição das modificações das proteínas e da dinâmica da sinalização

Um dos pontos fortes da proteómica unicelular é a sua capacidade de medir PTMs, como a fosforilação e a ubiquitinação, que são reguladores-chave da sinalização celular. Estas modificações ocorrem frequentemente de forma rápida em resposta a estímulos externos e podem alterar a atividade, a localização ou a estabilidade das proteínas de sinalização.

Por exemplo, a proteómica de célula única tem sido utilizada para estudar os eventos de fosforilação nas vias de sinalização MAPK e PI3K/Akt, ambas importantes para a sobrevivência e proliferação das células. Ao medir o estado de fosforilação das principais proteínas de sinalização em células individuais, os investigadores podem acompanhar a forma como estas vias são activadas ou inibidas em resposta a estímulos como factores de crescimento, stress ou tratamento com medicamentos (Krishnaswamy et al., 2014).

Na investigação sobre o cancro, a proteómica de célula única tem sido utilizada para analisar a forma como as células tumorais respondem a terapias específicas. Ao medir as modificações proteicas em células cancerígenas individuais, os investigadores podem identificar as vias de sinalização que são reactivadas em células resistentes, levando ao fracasso do tratamento. Esta informação é fundamental para o desenvolvimento de terapias combinadas que visam múltiplas vias simultaneamente para superar a resistência aos medicamentos (Levine et al., 2015).

Técnicas de imagiologia de célula única

As tecnologias de imagiologia de célula única proporcionam uma visualização de alta resolução da dinâmica da sinalização no interior de células individuais, permitindo aos investigadores seguir a forma como as moléculas de sinalização se movem, interagem e mudam ao longo do tempo. Estas técnicas são valiosas para estudar os aspectos espaciais e temporais da sinalização celular, que muitas vezes se perdem nas análises a nível populacional.

Optogenética para o controlo em tempo real das vias de sinalização

A optogenética é uma técnica de ponta que permite aos investigadores controlar as vias de sinalização em células individuais utilizando a luz. Na optogenética, as proteínas são concebidas para responder à luz, permitindo um controlo preciso da sua atividade. Ao iluminar células específicas com luz de um determinado comprimento de onda, os investigadores podem ativar ou inibir proteínas de sinalização em tempo real e observar os efeitos a jusante no comportamento celular (Deisseroth, 2011).

A optogenética tem sido utilizada para estudar uma vasta gama de vias de sinalização, incluindo as envolvidas na migração, diferenciação e apoptose celulares. Por exemplo, o controlo optogenético da via de sinalização Ras permitiu compreender como a ativação da Ras conduz a alterações na forma e na motilidade das células, processos que são fundamentais para a metástase do cancro (Toettcher et al., 2013). Ao permitir o controlo em tempo real das vias de sinalização, a optogenética oferece uma forma poderosa de dissecar a regulação dinâmica da sinalização celular.

Biossensores para o seguimento da dinâmica da sinalização

Os biossensores são ferramentas moleculares que permitem o rastreio em tempo real de eventos de sinalização em células individuais. Estes sensores baseiam-se frequentemente em proteínas fluorescentes que alteram as suas propriedades de fluorescência em resposta a moléculas ou modificações de sinalização específicas. Por exemplo, os biossensores FRET (transferência de energia por ressonância de Förster) podem ser utilizados para monitorizar interações proteína-proteína ou eventos de fosforilação, fornecendo informações sobre a forma como as vias de sinalização são activadas ou inibidas em células individuais (Lemieux et al., 2012).

Os biossensores têm sido amplamente utilizados para estudar a sinalização de cálcio, uma das vias de sinalização mais importantes na fisiologia celular. Utilizando corantes fluorescentes sensíveis ao cálcio ou proteínas, os investigadores podem seguir as oscilações e ondas de iões de cálcio dentro de células individuais em tempo real. Isto tem sido fundamental para compreender como a sinalização do cálcio regula processos como a contração muscular, a libertação de neurotransmissores e a proliferação celular (Clapham, 2007).

Foram também desenvolvidos biossensores para monitorizar outras moléculas de sinalização importantes, como o AMPc, o ATP e as espécies reactivas de oxigénio (ERO), proporcionando uma visão abrangente da forma como as diferentes vias de sinalização estão integradas nas células individuais. Combinando biossensores com técnicas avançadas de imagiologia, como a microscopia confocal ou a microscopia de fluorescência de reflexão interna total (TIRF), os investigadores podem visualizar a dinâmica da sinalização com elevada resolução espacial e temporal, oferecendo novas perspectivas sobre a regulação dos processos celulares.

Conclusão

A análise de uma única célula transformou a nossa compreensão da sinalização celular, revelando a heterogeneidade e a complexidade das respostas de sinalização em células individuais. A sequenciação de ARN de célula única (scRNA-seq) permite aos investigadores descobrir padrões de expressão genética relacionados com as vias de sinalização, realçando a diversidade das respostas específicas das células nos tecidos. A proteómica unicelular, utilizando técnicas como a CyTOF, permite obter informações pormenorizadas sobre a abundância e as modificações das proteínas, lançando luz sobre a regulação das redes de sinalização a nível unicelular. Finalmente, técnicas avançadas de imagiologia de célula única, incluindo optogenética e biossensores, permitem a visualização em tempo real da dinâmica de sinalização em células individuais.

Estas tecnologias forneceram conhecimentos essenciais sobre a forma como as vias de sinalização são reguladas no desenvolvimento, na doença e na homeostase dos tecidos. À medida que as tecnologias unicelulares continuam a avançar, desempenharão, sem dúvida, um papel ainda mais significativo na descoberta dos pormenores intrincados da sinalização celular e na melhoria da nossa compreensão dos sistemas biológicos complexos.

Referências

1. Bendall, S. C., Simonds, E. F., Qiu, P., Amir, E. D., Krutzik, P. O., Finck, R., ... & Nolan, G. P. (2011). Citometria de massa de célula única de respostas imunes e medicamentosas diferenciais em um continuum hematopoiético humano. *Science*, *332*(6030), 687-696.
2. Clapham, D. E. (2007). Sinalização de cálcio. *Cell*, *131*(6), 1047-1058.
3. Deisseroth, K. (2011). Optogenetics. *Nature Methods*, *8*(1), 26-29.
4. Krishnaswamy, S., Spitzer, M. H., Mingueneau, M., Bendall, S. C., Litvin, O., Stone, E., ... & Nolan, G. P. (2014). Biologia de sistemas. Análise baseada em densidade condicional da sinalização de células T em dados de célula única. *Science*, *346*(6213), 1250689.
5. Levine, J. H., Simonds, E. F., Bendall, S. C., Davis, K. L., Amir, E. D., Tadmor, M. D., ... & Nolan, G. P. (2015). A dissecção fenotípica orientada por dados da AML revela células semelhantes a progenitores que se correlacionam com o prognóstico. *Cell*, *162*(1), 184-197.
6. Lemieux, M. J., Kim, J. S., Cheeseman, P. C., & Richards, D. A. (2012). Dinâmica de sinalização intracelular visualizada com biossensores baseados em FRET. *Biochimica et Biophysica Ata (BBA) - Molecular Cell Research*, *1823*(10), 1911-1919.
7. Macosko, E. Z., Basu, A., Satija, R., Nemesh, J., Shekhar, K., Goldman, M., ... & McCarroll, S. A. (2015). Perfil de expressão altamente paralelo em todo o genoma de células individuais usando gotículas de nanolitros. *Cell*, *161*(5), 1202-1214.

8. Papalexi, E., & Satija, R. (2018). Sequenciamento de RNA de célula única para explorar a heterogeneidade das células imunes. *Nature Reviews Immunology*, *18*(1), 35-45.
9. Patel, A. P., Tirosh, I., Trombetta, J. J., Shalek, A. K., Gillespie, S. M., Wakimoto, H., ... & Regev, A. (2014). O RNA-seq de célula única destaca a heterogeneidade intratumoral no glioblastoma primário. *Science*, *344*(6190), 1396-1401.
10. Spitzer, M. H., & Nolan, G. P. (2016). Citometria de massa: células únicas, muitos recursos. *Cell*, *165*(4), 780-791.
11. Tasic, B., Menon, V., Nguyen, T. N., Kim, T. K., Jarsky, T., Yao, Z., ... & Zeng, H. (2016). Taxonomia de células corticais de camundongos adultos revelada por transcriptômica de célula única. *Nature Neuroscience*, *19*(2), 335-346.
12. Toettcher, J. E., Gong, D., Lim, W. A., & Weiner, O. D. (2013). Feedback baseado em luz para controlar a dinâmica de sinalização intracelular. *Nature Methods*, *10*(4), 383-386.
13. Wagner, D. E., Weinreb, C., Collins, Z. M., Briggs, J. A., Megason, S. G., & Klein, A. M. (2016). Mapeamento de célula única de paisagens de expressão gênica e linhagem no embrião de peixe-zebra. *Science*, *353*(6300), 1436-1440.

Capítulo 29: Biossensores e monitorização em tempo real da sinalização celular

Os biossensores são fundamentais no estudo da sinalização celular, permitindo a monitorização em tempo real de processos biológicos dinâmicos em células e tecidos vivos. Estas ferramentas revolucionaram a nossa compreensão do modo como os sinais são processados a nível molecular. O capítulo aborda três tipos principais de biossensores utilizados para a monitorização em tempo real da sinalização celular: biossensores fluorescentes codificados geneticamente, biossensores electroquímicos e plataformas avançadas como os nanobiossensores e os biossensores vestíveis. Cada categoria oferece uma visão única das vias de sinalização intracelular e extracelular, fornecendo dados valiosos para a investigação biológica e o diagnóstico médico.

Biossensores Fluorescentes Geneticamente Codificados

Os biossensores fluorescentes geneticamente codificados representam uma classe de ferramentas que permitem a visualização da sinalização celular em tempo real. Estes biossensores consistem em proteínas geneticamente modificadas, tais como proteínas fluorescentes ou construções baseadas em FRET, concebidas para detetar moléculas intracelulares específicas ou alterações nos estados celulares, tais como concentração de iões, alterações de pH ou modificações pós-traducionais.

Biossensores de cálcio

Os iões de cálcio (Ca^{2+}) são segundos mensageiros vitais envolvidos em numerosos processos celulares, incluindo a contração muscular, a libertação de neurotransmissores e a regulação da expressão genética. Os indicadores de cálcio geneticamente codificados (GECIs), como o GCaMP, fornecem um método em tempo real para observar a sinalização de cálcio em células vivas (Tian et al., 2009). O GCaMP, derivado da GFP (Green Fluorescent Protein) permutada circularmente, apresenta um aumento da fluorescência quando se liga ao cálcio, permitindo assim a monitorização dos fluxos de cálcio.

Na neurociência, os biossensores GCaMP permitiram a visualização direta das ondas e oscilações de cálcio nos neurónios durante a transmissão sináptica. Os investigadores utilizaram estes indicadores para rastrear a atividade neural in vivo, revelando informações críticas sobre a função cerebral e doenças como a epilepsia (Grienberger & Konnerth, 2012). Estes biossensores também facilitam o estudo da dinâmica do cálcio em células não neuronais, como as células musculares cardíacas, onde as ondas de cálcio regulam a contração (Ozden et al., 2012).

Biossensores cAMP

O monofosfato de adenosina cíclico (AMPc) desempenha um papel essencial na transdução de sinais, regulando processos como o metabolismo, a transcrição de genes e a proliferação celular. Os sensores de AMPc geneticamente codificados, como os biossensores FRET baseados em Epac, permitem compreender como as células modulam os níveis de AMPc em resposta a estímulos como as hormonas e os factores de crescimento (Nikolaev et al., 2004). Estes biossensores utilizam FRET, em que uma proteína fluorescente dadora e uma proteína fluorescente aceitadora estão ligadas a um domínio de ligação ao AMPc. Quando o cAMP se liga, a mudança conformacional altera o sinal FRET, permitindo a quantificação em tempo real dos níveis de cAMP.

Os investigadores utilizaram biossensores de AMPc para estudar a forma como as células respondem à adrenalina e ao glucagon, hormonas que influenciam o metabolismo e a regulação do açúcar no sangue. Nas células β pancreáticas, por exemplo, foram utilizados biossensores de AMPc para investigar a forma como as flutuações dos níveis de AMPc afectam a secreção de insulina em resposta à glicose (Ni et al., 2011). Estes resultados têm implicações importantes para a compreensão de doenças como a diabetes.

Biossensores de pH e de outros iões

O pH intracelular é rigorosamente controlado e desempenha um papel fundamental na homeostase celular. As alterações do pH podem assinalar uma mudança nos estados metabólicos ou nas respostas ao stress. Os biossensores de pH geneticamente codificados, como a pHluorina, baseiam-se em variantes de GFP que sofrem alterações de fluorescência em função do pH do seu ambiente (Miesenböck et al., 1998). A pHluorina tem sido amplamente utilizada para monitorizar a dinâmica do pH em vários compartimentos celulares, como os endossomas e os lisossomas, onde as alterações de pH são fundamentais para a ativação de enzimas e a degradação de substratos (Martinez et al., 2016).

Outros biossensores específicos de íons, como os projetados para potássio (K^+), sódio (Na^+) e cloreto (Cl-), também se mostraram valiosos no estudo da regulação do canal iônico e da excitabilidade elétrica nas células. Por exemplo, os biossensores de sódio foram utilizados para rastrear fluxos de íons nos neurônios durante os potenciais de ação, revelando como os gradientes de íons afetam a excitabilidade e a sinalização neuronal (Krebs et al., 2016).

Biossensores electroquímicos

Os biossensores electroquímicos oferecem um método sensível e preciso para a deteção de moléculas sinalizadoras, como neurotransmissores, hormonas e metabolitos, em tempo real. Estes biossensores medem a corrente gerada por reacções redox entre o analito alvo e a superfície do elétrodo, fornecendo dados quantitativos sobre moléculas sinalizadoras em amostras biológicas.

Deteção de neurotransmissores

Neurotransmissores como a dopamina, a serotonina e o glutamato medeiam a comunicação entre os neurónios e outros tipos de células. A monitorização destes neurotransmissores em tempo real é crucial para compreender os circuitos neuronais, a função cerebral e as perturbações neuropsiquiátricas. Os biossensores electroquímicos, em particular os baseados na voltametria cíclica de varrimento rápido (FSCV), têm sido amplamente utilizados para medir a libertação de neurotransmissores in vivo (Robinson et al., 2008).

A dopamina é um neurotransmissor associado à recompensa, à aprendizagem e à regulação do movimento. Os sensores electroquímicos de dopamina, que incorporam frequentemente eléctrodos modificados com nanotubos de carbono, podem detetar a libertação rápida de dopamina em resposta a estímulos, o que permite compreender melhor perturbações como a doença de Parkinson e a dependência (Hashemi et al., 2009). Foram utilizados métodos electroquímicos semelhantes para detetar a serotonina, um neurotransmissor envolvido na regulação do humor, e o glutamato, um neurotransmissor excitatório fundamental envolvido na aprendizagem e na memória (Venton & Wightman, 2007).

Deteção de hormonas na investigação cardiovascular

Hormonas como a adrenalina, a norepinefrina e a angiotensina regulam funções cardiovasculares críticas, incluindo o ritmo cardíaco, a pressão arterial e o tónus vascular. Os biossensores electroquímicos foram concebidos para detetar estas hormonas em tempo real, fornecendo dados valiosos para o estudo das vias de sinalização cardiovascular. Por exemplo, os investigadores utilizaram estes sensores para monitorizar os níveis de adrenalina durante as respostas ao stress, revelando como o sistema nervoso autónomo regula a função cardíaca (Nour et al., 2013).

Para além das hormonas cardiovasculares, os biossensores electroquímicos são também amplamente utilizados na monitorização da glicose, um aspeto crítico da sinalização metabólica. Os sistemas de monitorização contínua da glicose (CGM) utilizam sensores electroquímicos para monitorizar os níveis de açúcar no sangue em tempo real, ajudando na gestão da diabetes (Wang, 2008). Estes sistemas têm sido fundamentais para melhorar a qualidade de vida das pessoas com diabetes, permitindo um controlo mais rigoroso dos níveis de glicose.

Deteção de espécies reactivas de oxigénio (ROS)

As espécies reactivas de oxigénio (ROS) são importantes moléculas de sinalização envolvidas nas respostas ao stress celular, na inflamação e na apoptose. No entanto, a produção excessiva de ROS pode levar ao stress oxidativo, contribuindo para doenças como o cancro e as doenças neurodegenerativas. Biossensores eletroquímicos concebidos para detetar ROS, tais como sensores de peróxido de hidrogénio (H_2O_2), têm sido utilizados para estudar o papel do stress oxidativo na progressão da doença (Li et al., 2016).

Ao incorporar nanomateriais como as nanopartículas de ouro ou o grafeno, os investigadores melhoraram significativamente a sensibilidade dos biossensores de ERO. Estes avanços permitiram a monitorização em tempo real dos níveis de ROS em tecidos vivos, fornecendo novos conhecimentos sobre a forma como as células equilibram a sinalização redox e as defesas antioxidantes (Kang et al., 2009).

Plataformas avançadas de biossensores

Os recentes avanços na nanotecnologia e nos dispositivos portáteis abriram caminho para o desenvolvimento de biossensores da próxima geração. Estas plataformas oferecem uma sensibilidade, especificidade e capacidades de monitorização em tempo real sem precedentes, expandindo o âmbito das aplicações dos biossensores, tanto na investigação como em contextos clínicos.

Nano-biosensores

Os nanobiossensores utilizam nanomateriais, como nanopartículas, nanotubos e nanofios, para detetar moléculas sinalizadoras em concentrações extremamente baixas. Tirando partido das propriedades físicas e químicas únicas dos nanomateriais, estes biossensores alcançam uma maior sensibilidade e tempos de resposta mais rápidos em comparação com os sensores tradicionais.

Por exemplo, foram desenvolvidos sensores baseados em nanopartículas de ouro para detetar biomarcadores de cancro, como o fator de crescimento endotelial vascular (VEGF), uma proteína de sinalização envolvida na angiogénese (Ding et al., 2015). Estes sensores podem detetar VEGF em concentrações picomolares, proporcionando uma ferramenta poderosa para o diagnóstico e monitorização precoce do cancro. Do mesmo modo, os biossensores baseados em nanotubos de carbono têm sido utilizados para detetar pequenas moléculas como a glucose, o lactato e a ureia, permitindo a monitorização em tempo real de marcadores metabólicos em fluidos biológicos (Wang et al., 2010).

Os nanobiossensores também têm sido aplicados para detetar toxinas ambientais e agentes patogénicos, oferecendo potenciais aplicações em segurança alimentar, monitorização ambiental e deteção de bioterrorismo (Cao et al., 2017). A versatilidade e a sensibilidade dos nanobiossensores tornam-nos inestimáveis para o estudo de moléculas sinalizadoras em sistemas biológicos complexos, onde os métodos de deteção tradicionais são frequentemente insuficientes.

Biossensores vestíveis

Os biossensores vestíveis representam uma fronteira interessante na monitorização personalizada da saúde, permitindo a monitorização contínua e não invasiva de parâmetros fisiológicos relacionados com a sinalização celular. Estes dispositivos integram tecnologias de biossensores em plataformas portáteis, como smartwatches, pulseiras ou adesivos para a pele, permitindo a recolha de dados em tempo real em ambientes naturais.

Os biossensores portáteis para monitorização da glucose já são amplamente utilizados por pessoas com diabetes para gerir os seus níveis de açúcar no sangue. Estão a ser desenvolvidas novas gerações de sensores portáteis para monitorizar outros biomarcadores, como o lactato (um indicador da intensidade do exercício), o cortisol (uma hormona do stress) e os níveis de hidratação (Gao et al., 2016). Estes dispositivos também estão a ser integrados em smartphones e plataformas baseadas na nuvem, permitindo que os utilizadores e os prestadores de cuidados de saúde acompanhem as métricas de saúde e ajustem os tratamentos à distância.

Uma aplicação promissora dos biossensores vestíveis é a deteção precoce de doenças infecciosas. Por exemplo, os sensores vestíveis que monitorizam marcadores do sistema imunitário, como as citocinas, podem potencialmente fornecer alertas precoces de infeção antes do aparecimento dos sintomas, permitindo um tratamento e contenção mais rápidos (Jiang et al., 2020).

Os biossensores vestíveis têm amplas implicações para os cuidados de saúde, oferecendo novas oportunidades de monitorização contínua de doentes com doenças crónicas, melhorando os resultados dos doentes e reduzindo os custos dos cuidados de saúde.

Conclusão

Os biossensores tornaram-se ferramentas indispensáveis para a monitorização em tempo real da sinalização celular, oferecendo uma visão sem paralelo dos processos dinâmicos que regem as respostas celulares aos estímulos. Os biossensores fluorescentes codificados geneticamente permitem a visualização de eventos de sinalização intracelular, como a dinâmica do cálcio e do AMPc, enquanto os biossensores electroquímicos fornecem medições precisas de neurotransmissores, hormonas e ERO. Plataformas avançadas como os nanobiossensores e os biossensores portáteis estão a alargar os limites do que é possível na monitorização em tempo real, oferecendo novas oportunidades tanto para a investigação como para as aplicações clínicas.

À medida que a tecnologia dos biossensores continua a evoluir, tem o potencial de revolucionar a nossa compreensão da sinalização celular, descobrindo novos alvos terapêuticos e melhorando a medicina personalizada. A integração de biossensores com análises de dados avançadas e algoritmos de aprendizagem automática aumentará ainda mais a sua utilidade, permitindo a descoberta de padrões anteriormente ocultos nas redes de sinalização celular.

Referências

1. Cao, Y., Zhang, Y., & Zhang, Q. (2017). Biossensores baseados em nanomateriais para monitoramento ambiental. *Sensores e Actuadores B: Químicos*, *246*, 50-65.
2. Ding, H., Zhang, P., & Xu, J. (2015). Biossensores baseados em nanopartículas de ouro para deteção de biomarcadores de câncer. *Biosensores e Bioelectrónica*, *66*, 95-105.
3. Gao, W., Emaminejad, S., & Nyein, H. Y. Y. (2016). Matrizes de sensores vestíveis totalmente integradas para análise de transpiração in situ multiplexada. *Nature*, *529*(7587), 509-514.
4. Grienberger, C., & Konnerth, A. (2012). Imagiologia do cálcio nos neurónios. *Neuron*, *73*(5), 862-885.
5. Hashemi, P., Dankoski, E. C., Petrovic, J., Keithley, R. B., & Wightman, R. M. (2009). Deteção voltamétrica da libertação de 5-hidroxitriptamina no cérebro do rato. *Analytical Chemistry*, *81*(22), 9462-9471.
6. Jiang, L., Stuivenberg, G. A., & An, S. (2020). Biossensores vestíveis para marcadores do sistema imunitário. *Analytical Methods*, *12*(7), 897-902.
7. Kang, X., Mai, Z., Zou, X., Cai, P., & Mo, J. (2009). Um sensor de glicose não enzimático sensível em meios alcalinos com um elétrodo de carbono vítreo modificado com nanoclusters de cobre/nanotubos de carbono de paredes múltiplas. *Analytical Biochemistry*, *378*(1), 62-66.
8. Li, X., Chen, X., & Zhong, Y. (2016). Deteção eletroquímica em tempo real de espécies reativas de oxigênio usando biossensores baseados em nanotubos de carbono. *Biosensores e Bioelectrónica*, *86*, 45-52.
9. Martinez, D. R., Martinez, A. M., & Huang, J. H. (2016). Visualizando a acidificação do endossomo com variantes GFP sensíveis ao pH. *Journal of Visualized Experiments*, *110*, e54267.
10. Miesenböck, G., De Angelis, D. A., & Rothman, J. E. (1998). Visualização da secreção e da transmissão sináptica com proteínas fluorescentes verdes sensíveis ao pH. *Nature*, *394*(6689), 192-195.
11. Ni, Q., Shaffer, J. P., & Chen, R. (2011). A imagem em tempo real das flutuações de cAMP nas ilhotas pancreáticas revela a dinâmica da secreção de insulina. *Nature Communications*, *2*(1), 20-30.
12. Nikolaev, V. O., Bunemann, M., & Lohse, M. J. (2004). Biossensores baseados em FRET para deteção em tempo real de cAMP em células vivas. *Nature Methods*, *1*(3), 219-225.
13. Nour, M. M., Scangos, K. W., & Gordon, B. J. (2013). Deteção eletroquímica in vivo da liberação de norepinefrina na medula

ventrolateral do rato durante a ativação do reflexo barorreceptor. *Neuroscience*, *254*, 129-139.

14. Robinson, D. L., Venton, B. J., Heien, M. L., & Wightman, R. M. (2008). Deteção da libertação de dopamina em segundos com voltametria cíclica de varrimento rápido in vivo. *Clinical Chemistry*, *54*(3), 459-462.
15. Tian, L., Hires, S. A., Mao, T., Huber, D., Chiappe, M. E., Chalasani, S. H., ... & Looger, L. L. (2009). Imagiologia da atividade neural em vermes, moscas e ratos com indicadores de cálcio GCaMP melhorados. *Nature Methods*, *6*(12), 875-881.
16. Wang, J. (2008). Biossensores electroquímicos de glucose. *Chemical Reviews*, *108*(2), 814-825.

Parte V: Conclusões e direcções futuras

Capítulo 30: Conversas cruzadas entre vias de sinalização

Introdução

A sinalização celular é uma rede dinâmica e altamente integrada de interações moleculares que orquestram vários processos celulares, incluindo o crescimento, a diferenciação, a apoptose e as respostas imunitárias. O diálogo cruzado entre as vias de sinalização é essencial para o funcionamento celular adequado, permitindo que as células se adaptem às mudanças ambientais e regulem comportamentos complexos. Este capítulo analisa os mecanismos de interação entre as vias de sinalização, a forma como as células integram múltiplos sinais e as implicações destas interações no desenvolvimento, na progressão do cancro e na resistência aos medicamentos.

Mecanismos de Cross-Talk

A interação entre as vias de sinalização pode ocorrer a vários níveis, incluindo componentes partilhados, regulação de feedback e modulação da atividade dos receptores. Estas interações permitem às células integrar múltiplos estímulos, conduzindo a resultados biológicos coordenados.

1. Componentes partilhados

Um dos mecanismos mais simples de "cross-talk" é a utilização de intermediários de sinalização partilhados por diferentes vias. Por exemplo, *a Ras*, uma pequena GTPase, está envolvida nas vias *PI3K/Akt* e *MAPK/ERK*, desempenhando um papel fundamental na regulação da sobrevivência, proliferação e diferenciação das células (Liao & Carpenter, 2007). Do mesmo modo, *a GSK-3β* (glicogénio sintase quinase-3 beta) é um componente-chave partilhado pelas vias *Wnt/β-catenina* e *PI3K/Akt*, onde está envolvida na regulação da estabilidade da β-catenina na sinalização Wnt e no controlo da sobrevivência celular na via PI3K/Akt (Cross et al., 1995; Doble & Woodgett, 2003).

Outro componente partilhado é o *STAT3*, que é ativado por múltiplas vias de sinalização, incluindo as vias *JAK-STAT*, *EGFR* e *IL-6*. Esta convergência permite a integração de sinais de citocinas e de factores de crescimento para regular a transcrição de genes e promover processos oncogénicos, como a proliferação e a sobrevivência das células (Yu et al., 2014).

2. Circuitos de realimentação e diafonia

O cross-talk é frequentemente regulado através de circuitos de feedback que podem amplificar ou atenuar os resultados da sinalização. Os circuitos de feedback positivo amplificam a sinalização e podem promover a ativação sustentada da via, enquanto os circuitos de feedback negativo servem para atenuar os sinais, proporcionando uma regulação rigorosa das respostas celulares (Alon, 2007). No contexto do "cross-talk", estes circuitos estendem-se frequentemente por diferentes vias.

Por exemplo, a via *do TGF-β* apresenta uma ligação cruzada com a via *PI3K/Akt* através de circuitos de feedback que modulam a resposta celular à sinalização do TGF-β. O recetor de *TGF-β* pode ativar a PI3K, que por sua vez fosforila e desactiva *a GSK-3β*, um regulador negativo da β-catenina na via Wnt (Lamouille & Derynck, 2007). Este tipo de regulação inter-vias exemplifica como os mecanismos de feedback podem modular o cross-talk.

3. Modulação da atividade dos receptores

O diálogo cruzado entre vias pode também ser mediado por interações ao nível dos receptores. A transactivação dos receptores, em que um recetor ativa indiretamente outro, é um mecanismo importante neste contexto. Por exemplo, a ativação *do EGFR* (recetor do fator de crescimento epidérmico) pode levar à transactivação de *receptores acoplados à proteína G* (GPCR), permitindo a ativação simultânea de múltiplas cascatas de sinalização a jusante (Fischer et al., 2003). Este "cross-talk" de receptores permite que as células respondam a uma gama mais vasta de estímulos através de uma sinalização coordenada.

Outra forma de comunicação cruzada mediada por receptores ocorre através da endocitose e degradação dos receptores. Por exemplo, a sinalização *Notch* pode influenciar a disponibilidade dos receptores *Wnt*, promovendo a sua internalização e degradação, modulando assim a força e a duração da sinalização Wnt (Yamamoto et al., 2007).

Como as células integram múltiplos sinais

A capacidade das células para integrarem múltiplos sinais é essencial para responderem adequadamente a ambientes complexos e em mudança. O diálogo cruzado entre as vias de sinalização permite a coordenação de diversos contributos, assegurando que os processos celulares estão bem sintonizados.

1. Integração de sinais através de proteínas de suporte

As proteínas de suporte servem de plataforma para a montagem de múltiplas moléculas de sinalização, facilitando as interações entre diferentes vias. Uma proteína de andaime bem conhecida é a *KSR* (Kinase Suppressor of Ras), que coordena a montagem da via *MAPK* e também interage com componentes da via *PI3K/Akt* (Dhanasekaran et al., 2012). Esta função de andaime permite um controlo espacial e temporal preciso da sinalização, garantindo uma integração eficiente dos sinais.

Outro exemplo é a *IQGAP1*, uma proteína de suporte que integra sinais das vias *Wnt/β-catenina* e *MAPK*, interagindo diretamente com a β-catenina e facilitando a sua translocação nuclear, enquanto modula simultaneamente a atividade da via MAPK (Brown & Sacks, 2006).

2. Fosforilação em múltiplos locais como modo de integração de sinais

A fosforilação em múltiplos locais é outro mecanismo que permite a integração de sinais de múltiplas vias. Uma única proteína pode ser fosforilada por diferentes cinases, levando a resultados distintos, dependendo da combinação de eventos de fosforilação. Por exemplo, o supressor de tumores *p53* pode ser fosforilado por cinases da via *MAPK* em resposta a sinais de stress e pelas vias *ATM/ATR* após danos no ADN (Meek, 2009). Estes eventos de fosforilação modulam a atividade do p53, influenciando o seu papel na paragem do ciclo celular, na reparação do ADN ou na apoptose.

Do mesmo modo, *o NF-κB*, um fator de transcrição envolvido nas respostas imunitárias, pode ser regulado por sinais das vias *da quinase IκB (IKK)* e da *MAPK*, o que lhe permite integrar sinais inflamatórios e respostas ao stress (Hayden & Ghosh, 2008).

3. Controlo temporal e espacial da integração de sinais

O controlo temporal e espacial da integração de sinais é crucial para garantir que as células respondem adequadamente aos sinais. O diálogo cruzado entre as vias de sinalização ocorre frequentemente de forma temporalmente regulada, em que a ativação de uma via modula o tempo de outra. Por exemplo, no desenvolvimento neural, a sinalização *Notch* modula temporariamente a sinalização *Wnt* para controlar a diferenciação das células progenitoras neurais (Hirabayashi et al., 2004).

A regulação espacial também desempenha um papel, pois certas vias de sinalização podem interagir apenas em compartimentos celulares específicos. Por exemplo, o cross-talk de *mTORC1* e *AMPK* ocorre no lisossoma, onde os níveis de nutrientes são detectados e as vias metabólicas são reguladas em conformidade (Kim & Guan, 2019).

Implicações no desenvolvimento, no cancro e na resistência aos medicamentos

A interação entre as vias de sinalização tem implicações significativas em vários processos biológicos, incluindo o desenvolvimento, a progressão do cancro e a resistência aos medicamentos. As perturbações no "cross-talk" podem conduzir a anomalias no desenvolvimento e contribuir para a complexidade de doenças como o cancro.

1. Desenvolvimento

Durante o desenvolvimento, a interação precisa entre as vias de sinalização assegura a formação adequada de tecidos e órgãos. Por exemplo, a sinalização *Notch* e *Wnt* interagem para regular o desenvolvimento neural, com a Notch a inibir a Wnt para evitar a diferenciação prematura das células progenitoras neurais (Sang et al., 2020). As aberrações nesta interação podem conduzir a perturbações do desenvolvimento, como os defeitos cardíacos congénitos, em que as perturbações na sinalização *Notch* e *Wnt* contribuem para o desenvolvimento anormal do coração (de la Pompa & Epstein, 2012).

Outro exemplo é o desenvolvimento dos membros, em que as vias de sinalização *Fgf*, *Shh* e *Wnt* se coordenam para controlar o padrão e o crescimento dos membros (Zeller et al., 2009). As perturbações na interação entre estas vias podem levar a deformidades congénitas dos membros.

2. Cancro

As células cancerosas exploram a interação entre as vias de sinalização para aumentar a sua sobrevivência, proliferação e potencial metastático. A interação entre as vias *PI3K/Akt* e *MAPK* é particularmente importante no cancro, uma vez que estas vias regulam processos-chave como o crescimento celular, a apoptose e o metabolismo (Engelman et al., 2006). A interação desregulada entre estas vias contribui para a agressividade de muitos cancros e representa um desafio para as terapias orientadas.

Por exemplo, a ativação *do EGFR* pode levar à ativação simultânea das vias *PI3K/Akt* e *Ras/MAPK*, permitindo que as células cancerosas mantenham sinais de crescimento mesmo na presença de inibidores específicos (Yarden & Pines, 2012). O cross-talk entre as vias *Hedgehog* e *TGF-β* também tem sido implicado na promoção da transição epitelial-mesenquimal (EMT), um processo que facilita a metástase do cancro ao permitir que as células cancerígenas adquiram propriedades invasivas e migratórias (David et al., 2016).

3. Resistência aos medicamentos

A interação entre as vias de sinalização desempenha um papel fundamental no desenvolvimento da resistência aos medicamentos no cancro. Quando uma única via é inibida por terapias-alvo, as células cancerosas podem ativar vias compensatórias através de uma comunicação cruzada, conduzindo à resistência. Por exemplo, a inibição da via *MAPK* no melanoma é frequentemente contrariada pela regulação positiva da sinalização *PI3K/Akt*, permitindo que as células cancerígenas evitem a apoptose (Villanueva et al., 2010).

As terapias combinadas que visam várias vias simultaneamente têm sido exploradas como estratégia para ultrapassar a resistência aos medicamentos. Por exemplo, a combinação de inibidores *da MEK* e *da PI3K* tem-se revelado promissora no tratamento de cancros que apresentam uma ligação cruzada entre estas vias (Carracedo et al., 2008). A compreensão dos mecanismos de "cross-talk" pode orientar o desenvolvimento de terapias combinadas mais eficazes que interrompam a sinalização compensatória e melhorem os resultados dos doentes.

Implicações terapêuticas e direcções futuras

O reconhecimento do "cross-talk" entre as vias de sinalização tem implicações terapêuticas significativas, nomeadamente na conceção de terapias específicas para o cancro e outras doenças. O facto de se visarem os principais nós do "cross-talk" ou de se desenvolverem terapias que inibam simultaneamente várias vias pode oferecer estratégias mais eficazes para o tratamento de doenças complexas.

As tecnologias emergentes, como a sequenciação do ARN de uma única célula e a proteómica, estão a fornecer novos conhecimentos sobre a complexidade das redes de sinalização e a sua interação. Estas ferramentas permitem a identificação de novos mecanismos de interação e o desenvolvimento de terapias de precisão adaptadas aos perfis de sinalização de cada doente (Stuart & Satija, 2019).

Conclusão

O "cross-talk" entre vias de sinalização é um aspeto fundamental da comunicação celular, permitindo às células integrar diversos sinais e coordenar comportamentos complexos. A compreensão dos mecanismos de "cross-talk" e das suas implicações no desenvolvimento, no cancro e na resistência aos fármacos fornece informações valiosas sobre a regulação dos processos celulares e abre novas vias de intervenção terapêutica.

Referências:

1. Alon, U. (2007). Uma introdução à biologia de sistemas: Princípios de conceção de circuitos biológicos. Chapman and Hall/CRC.

2. Brown, M. D., & Sacks, D. B. (2006). IQGAP1 na sinalização celular: Bridging the GAP. Tendências em Biologia Celular, 16(5), 242-249.
3. Carracedo, A., Baselga, J., & Pandolfi, P. P. (2008). Desconstruindo redes de sinalização de feedback para melhorar a terapia anticâncer com inibidores de mTOR. Nature Reviews Clinical Oncology, 5(12), 686-693.
4. Cross, D. A., et al. (1995). Inhibition of glycogen synthase kinase-3 by insulin mediated by protein kinase B. Nature, 378(6559), 785-789.
5. David, C. J., et al. (2016). Supressão do tumor TGF-β através de uma EMT letal. Célula, 164(5), 1015-1030.
6. Dhanasekaran, D. N., Johnson, G. L., & Jones, N. (2012). Proteínas de andaime de módulos de MAP-quinase. Oncogene, 26(22), 3185-3202.
7. Doble, B. W., & Woodgett, J. R. (2003). GSK-3: Truques do comércio para uma quinase multitarefa. Journal of Cell Science, 116(7), 1175-1186.
8. Engelman, J. A., et al. (2006). A via PI3K: A key driver of cancer growth and survival. Nature Reviews Cancer, 6(8), 554-562.
9. Fischer, O. M., et al. (2003). EGFR cross-talk with G-protein-coupled receptors in cancer. Nature Reviews Cancer, 3(3), 650-656.
10. Hayden, M. S., & Ghosh, S. (2008). Princípios partilhados na sinalização NF-kB. Cell, 132(3), 344-362.
11. Lamouille, S., & Derynck, R. (2007). Tamanho e invasão celular na transição epitelial para mesenquimal induzida por TGF-β. Journal of Cell Science, 121(3), 3220-3228.
12. Meek, D. W. (2009). Supressão de tumores por p53: um papel para a resposta a danos no ADN? Nature Reviews Cancer, 9(10), 714-724.
13. Stuart, T., & Satija, R. (2019). Análise integrativa de célula única. Nature Reviews Genetics, 20(5), 257-272.
14. Villanueva, J., et al. (2010). Resistência adquirida aos inibidores BRAF mediada pela reativação de MAPK no melanoma. Nature, 468(7326), 973-977.
15. Yamamoto, S., et al. (2007). Notch signaling controls the generation of hair cells and supporting cells in the mammalian inner ear. Desenvolvimento, 134(6), 1721-1731.
16. Yarden, Y., & Pines, G. (2012). A família EGFR: Biologia, patologia e perspectivas terapêuticas. Investigação sobre o cancro, 72(3), 1336-1341.
17. Yu, H., et al. (2014). STATs na inflamação e imunidade do cancro: Um papel de liderança para STAT3. Nature Reviews Cancer, 14(11), 735-741.

Capítulo 31: Direcionar a Sinalização Celular em Medicina

Introdução

A sinalização celular desempenha um papel fundamental na regulação de numerosos processos fisiológicos, incluindo o crescimento celular, a diferenciação, a apoptose e as respostas imunitárias. A desregulação destas vias de sinalização está implicada em muitas doenças, como o cancro, as doenças auto-imunes e as doenças neurodegenerativas. Com os avanços da biologia molecular, o potencial para manipular a sinalização celular para fins terapêuticos tornou-se um foco crucial na medicina. Este capítulo explora as intervenções farmacêuticas que visam a sinalização celular através de inibidores e agonistas, aborda as abordagens terapêuticas que visam a sinalização desregulada no cancro e destaca as terapias emergentes, como a edição de genes e a imunoterapia.

Intervenções farmacêuticas: Inibidores e Agonistas

As intervenções farmacêuticas na sinalização celular centram-se principalmente na modulação das principais moléculas de sinalização através de inibidores e agonistas, visando vias específicas para corrigir a sinalização desregulada.

1. Inibidores na sinalização celular

Os inibidores são concebidos para bloquear a atividade de proteínas-chave nas vias de sinalização, em particular as cinases e os receptores, para evitar comportamentos celulares aberrantes associados a doenças. Os inibidores da quinase estão entre os medicamentos mais utilizados para este fim. Por exemplo, *o Imatinib* (Glivec) é um conhecido inibidor da tirosina quinase (TKI) que tem como alvo específico a proteína de fusão *BCR-ABL* na leucemia mieloide crónica (LMC). Este fármaco revolucionou o tratamento da LMC ao inibir seletivamente a sinalização desregulada que conduz ao cancro (Druker et al., 2001).

Do mesmo modo, os inibidores das vias *PI3K/Akt* e *MAPK* mostraram-se promissores no tratamento de vários cancros, em que a hiperactivação destas vias conduz a um crescimento e sobrevivência descontrolados das células (Engelman et al., 2006). *O everolimus* (Afinitor), um inibidor da mTOR, é utilizado no tratamento do carcinoma de células renais avançado através da inibição do eixo de sinalização PI3K/Akt/mTOR, reduzindo assim a proliferação das células cancerosas e a angiogénese (Zoncu et al., 2011).

Os inibidores do ponto de controlo também se tornaram um dos principais focos da imunoterapia contra o cancro. Fármacos como o *Pembrolizumab* (Keytruda) e o *Nivolumab* (Opdivo) bloqueiam o recetor *PD-1* (proteína 1 de morte celular programada) nas células T, libertando a resposta imunitária contra os tumores ao ultrapassar os sinais imunossupressores das células cancerígenas (Pardoll, 2012).

2. Agonistas na sinalização celular

Enquanto os inibidores bloqueiam a sinalização, os agonistas activam vias de sinalização específicas. Os agonistas são utilizados principalmente nos casos em que a sinalização está diminuída ou ausente, conduzindo a doenças como a diabetes ou a neurodegeneração. Por exemplo, *a insulina* é um agonista bem conhecido utilizado na gestão da diabetes, estimulando o recetor de insulina para promover a absorção de glicose e regular os níveis de açúcar no sangue.

No contexto das doenças neurológicas, *os agonistas dos receptores GLP-1*, como o *Exenatide*, são utilizados para tratar a diabetes tipo 2, aumentando a secreção de insulina, e também demonstraram propriedades neuroprotectoras, sugerindo um papel no tratamento de doenças neurodegenerativas, como a doença de Parkinson (Athauda & Foltynie, 2018).

Outro exemplo é a *eritropoietina* (EPO), que actua como um agonista para estimular a eritropoiese em condições de anemia, activando o seu recetor nas células progenitoras eritróides (Jelkmann, 2011).

Direcionar a sinalização desregulada no cancro

O cancro é um dos exemplos mais proeminentes de uma doença causada por uma sinalização celular desregulada. As células cancerosas exploram as vias de sinalização para promover a proliferação descontrolada, a sobrevivência, a angiogénese e as metástases. O tratamento destas vias desreguladas constitui a base de muitas abordagens terapêuticas em oncologia.

1. Direcionar os receptores de factores de crescimento

Os receptores de factores de crescimento, como o *EGFR* (recetor do fator de crescimento epidérmico) e *o HER2* (recetor do fator de crescimento epidérmico humano 2), são normalmente sobre-expressos no cancro, levando a um aumento da proliferação e da sinalização de sobrevivência através de vias a jusante como *a MAPK* e *a PI3K/Akt* (Yarden & Pines, 2012). As terapias dirigidas, como o *Trastuzumab* (Herceptin), um anticorpo monoclonal que se liga ao HER2, têm sido bem sucedidas no tratamento do cancro da mama HER2-positivo, inibindo a sinalização HER2 e promovendo a citotoxicidade imunomediada (Hudis, 2007).

Os inibidores da tirosina quinase de pequenas moléculas, como o *Gefitinib* (Iressa) e o *Erlotinib* (Tarceva), têm como alvo o EGFR no cancro do pulmão de células não pequenas (NSCLC), bloqueando eficazmente a sinalização aberrante que promove o crescimento do tumor (Lynch et al., 2004).

2. Direcionar as vias de sinalização intracelular

As vias de sinalização intracelular como *Ras/Raf/MEK/ERK* e *PI3K/Akt* são frequentemente desreguladas no cancro, muitas vezes devido a mutações em proteínas-chave como *KRAS* ou *PIK3CA*. O tratamento destas vias tornou-se uma prioridade no desenvolvimento de medicamentos oncológicos.

Os inibidores da BRAF, como o *Vemurafenib* (Zelboraf), têm como alvo a BRAF mutante no melanoma, inibindo a sinalização MAPK a jusante que impulsiona a proliferação do tumor (Chapman et al., 2011). No entanto, a resistência a estes inibidores surge frequentemente através da ativação de feedback de outras vias, realçando a importância de terapias combinadas que visam múltiplos nós dentro da rede de sinalização (Villanueva et al., 2010).

3. Superar a resistência aos fármacos através da inibição da interação

A resistência aos fármacos constitui um desafio importante no tratamento do cancro, sendo frequentemente causada pela ativação compensatória de vias de sinalização alternativas através de uma interação cruzada. Por exemplo, a resistência aos inibidores *BRAF* no melanoma é frequentemente causada pela ativação da sinalização *PI3K/Akt* (Sullivan & Flaherty, 2013). As terapias combinadas que visam as vias MAPK e PI3K/Akt foram propostas para ultrapassar esta resistência (Carracedo et al., 2008).

O desenvolvimento de *inibidores duplos* que visam simultaneamente várias vias é também uma estratégia emergente para prevenir a resistência. Por exemplo, *o lapatinib*, um inibidor duplo do EGFR e do HER2, é utilizado no cancro da mama HER2-positivo para bloquear múltiplos sinais promotores de crescimento (Geyer et al., 2006).

Terapias emergentes: Edição de genes e imunoterapia

Os recentes avanços na edição de genes e na imunoterapia oferecem novas vias para combater a sinalização celular desregulada em doenças como o cancro, as doenças genéticas e as doenças auto-imunes.

1. Edição de genes para terapêuticas específicas

As tecnologias de edição de genes, em particular *a CRISPR/Cas9*, revolucionaram a capacidade de modificar o genoma com precisão, permitindo intervenções terapêuticas direcionadas. No contexto do cancro, o CRISPR tem sido utilizado para eliminar genes envolvidos em vias de sinalização oncogénicas, como o *KRAS* e *o EGFR*, para evitar a proliferação de células cancerígenas (Chiou et al., 2015). Esta abordagem tem-se revelado promissora em modelos pré-clínicos e os ensaios clínicos estão a explorar o seu potencial no tratamento de cancros refractários (Doudna & Charpentier, 2014).

A edição de genes também é promissora para a correção de mutações que conduzem a doenças genéticas. Por exemplo, o CRISPR foi utilizado para corrigir mutações no gene *CFTR* responsável pela fibrose cística, restaurando a sinalização normal e a função proteica nas células afectadas (Schwank et al., 2013). Da mesma forma, tem sido explorada para tratar a doença falciforme, editando *a HBB* (hemoglobina beta) para corrigir a mutação que causa a doença (DeWitt et al., 2016).

2. Imunoterapia e inibição dos pontos de controlo

A imunoterapia, em particular a inibição dos pontos de controlo, transformou o tratamento do cancro ao aproveitar o sistema imunitário do organismo para atingir e destruir as células cancerígenas. As células tumorais evitam frequentemente a deteção imunitária explorando as vias dos pontos de controlo imunitário, como *a PD-1/PD-L1* e *a CTLA-4* (proteína 4 associada aos linfócitos T citotóxicos) (Pardoll, 2012). Ao bloquear estes pontos de controlo, medicamentos como o *Ipilimumab* (anti-CTLA-4) e o *Pembrolizumab* (anti-PD-1) aumentam a ativação das células T e promovem a destruição do tumor.

As terapias com células T adoptivas, como a terapia *CAR-T* (células T com recetor de antigénio quimérico), também demonstraram um sucesso notável no tratamento de doenças malignas hematológicas. As células CAR-T são concebidas para expressar receptores que visam antigénios tumorais específicos, como o CD19 nas leucemias de células B, e, após infusão, reconhecem e eliminam as células cancerígenas (June et al., 2018).

3. Terapia genética para a modulação de sinais

A terapia génica é outra abordagem promissora para modular a sinalização celular em doenças causadas por uma expressão génica desregulada. Nas doenças neurodegenerativas, como *a doença de Parkinson*, a terapia genética tem sido utilizada para administrar genes que codificam factores neuroprotectores, como o *GDNF* (fator neurotrófico derivado da linha celular glial), que promove a sobrevivência neuronal através da ativação de vias de sinalização pró-sobrevivência (Gill et al., 2003).

Do mesmo modo, a terapia genética está a ser explorada no cancro para fornecer genes supressores de tumores, como o *p53*, para restaurar a sinalização normal nas células tumorais. Esta abordagem tem-se revelado promissora em modelos pré-clínicos, em que a reintrodução do p53 de tipo selvagem conduz à ativação de vias apoptóticas e à supressão do crescimento tumoral (Senzer et al., 2007).

Conclusão

O tratamento da sinalização celular tornou-se uma pedra angular da medicina moderna, com intervenções farmacêuticas como inibidores e agonistas a desempenharem um papel fundamental na gestão de doenças associadas a uma sinalização desregulada. No cancro, o tratamento dos receptores de factores de crescimento, das vias intracelulares e do cross-talk melhorou significativamente os resultados dos doentes, embora a resistência aos medicamentos continue a ser um desafio. As terapias emergentes, incluindo a edição de genes e a imunoterapia, oferecem novas estratégias para modular a sinalização celular com uma precisão sem precedentes, anunciando uma nova era de medicina personalizada. À medida que essas tecnologias continuam a avançar, elas têm um imenso potencial para transformar o tratamento de doenças complexas.

Referências

1. Athauda, D., & Foltynie, T. (2018). A busca contínua de terapias neuroprotetoras na doença de Parkinson. *Nature Reviews Neurology, 14*(3), 155-167.
2. Carracedo, A., Baselga, J., & Pandolfi, P. P. (2008). Desconstruindo redes de sinalização de feedback para melhorar a terapia anticâncer com inibidores de mTOR. *Nature Reviews Clinical Oncology, 5*(12), 686-693.
3. Chapman, P. B., Hauschild, A., Robert, C., et al. (2011). Melhoria da sobrevivência com vemurafenib no melanoma com mutação BRAF V600E. *New England Journal of Medicine, 364*(26), 2507-2516.
4. Chiou, S.-H., Winters, I. P., Wang, J., et al. (2015). Edição do genoma de CRISPR-Cas9 D10A nickase de Kras oncogênico in vivo. *Nature Biotechnology, 33*(5), 542-546.
5. DeWitt, M. A., Magis, W., Bray, N. L., et al. (2016). Edição do genoma sem seleção da mutação falciforme em células estaminais hematopoiéticas adultas humanas. *Science Translational Medicine, 8*(360), 360ra134.
6. Doudna, J. A., & Charpentier, E. (2014). A nova fronteira da engenharia do genoma com CRISPR-Cas9. *Science, 346*(6213), 1258096.
7. Druker, B. J., Talpaz, M., Resta, D. J., et al. (2001). Eficácia e segurança de um inibidor específico da tirosina quinase BCR-ABL na leucemia mieloide crónica. *New England Journal of Medicine, 344*(14), 1031-1037.
8. Engelman, J. A., Luo, J., & Cantley, L. C. (2006). A via PI3K: A key driver of cancer growth and survival. *Nature Reviews Cancer, 6*(8), 554-562.
9. Geyer, C. E., Forster, J., Lindquist, D., et al. (2006). Lapatinib plus capecitabine for HER2-positive advanced breast cancer. *New England Journal of Medicine, 355*(26), 2733-2743.
10. Gill, S. S., Patel, N. K., Hotton, G. R., et al. (2003). Diret brain infusion of glial cell line-derived neurotrophic fator in Parkinson disease. *Nature Medicine, 9*(5), 589-595.

11. Hudis, C. A. (2007). Trastuzumab-mecanismo de ação e utilização na prática clínica. *New England Journal of Medicine, 357*(1), 39-51.
12. Jelkmann, W. (2011). Regulação da produção de eritropoietina. *Journal of Physiology, 589*(6), 1251-1258.
13. June, C. H., O'Connor, R. S., Kawalekar, O. U., et al. (2018). Imunoterapia com células T CAR para câncer humano. *Science, 359*(6382), 1361-1365.
14. Lynch, T. J., Bell, D. W., Sordella, R., et al. (2004). Mutações activas no recetor do fator de crescimento epidérmico subjacentes à capacidade de resposta do cancro do pulmão de células não pequenas ao gefitinib. *New England Journal of Medicine, 350*(21), 2129-2139.
15. Pardoll, D. M. (2012). O bloqueio dos pontos de controlo imunitário na imunoterapia do cancro. *Nature Reviews Cancer, 12*(4), 252-264.
16. Schwank, G., Koo, B. K., Sasselli, V., et al. (2013). Reparação funcional de CFTR por CRISPR / Cas9 em organóides de células estaminais intestinais de pacientes com fibrose cística. *Cell Stem Cell, 13*(6), 653-658.
17. Senzer, N., Nemunaitis, J., Nemunaitis, M., et al. (2007). Terapia com p53 num doente com síndrome de Li-Fraumeni. *Molecular Cancer Therapeutics, 6*(5), 1478-1482.
18. Sullivan, R. J., & Flaherty, K. T. (2013). Sinalização e inibição da MAP quinase no melanoma. *Oncogene, 32*(19), 2373-2379.
19. Villanueva, J., Vultur, A., Lee, J. T., et al. (2010). A resistência adquirida aos inibidores de BRAF mediada por um interrutor de quinase RAF no melanoma pode ser superada pelo co-alvo de MEK e IGF-1R / PI3K. *Cancer Cell, 18*(6), 683-695.
20. Yarden, Y., & Pines, G. (2012). A rede ERBB: Finalmente, a terapia do cancro encontra a biologia dos sistemas. *Nature Reviews Cancer, 12*(8), 553-563.

Capítulo 32: Direcções Futuras na Investigação da Sinalização Celular

Introdução

A investigação sobre a sinalização celular tem feito grandes progressos nas últimas décadas, revelando as intrincadas redes que regem os processos celulares. No entanto, à medida que avançamos para uma nova era da biologia molecular, a compreensão da sinalização celular está a expandir-se para áreas anteriormente inexploradas. Este capítulo centra-se em direcções emergentes na investigação da sinalização celular, incluindo vias inexploradas, avanços tecnológicos na deteção de sinais e o papel crescente da sinalização celular na medicina regenerativa e na biologia sintética. Estas novas vias de investigação prometem transformar as estratégias terapêuticas, melhorar a nossa compreensão das doenças e desbloquear novas possibilidades na biotecnologia.

Vias de sinalização inexploradas

Embora se saiba muito sobre as vias de sinalização canónicas, como *a MAPK* (proteína quinase activada por mitogénio), *a PI3K/Akt* (fosfatidilinositol 3-quinase/proteína quinase B) e *a Wnt/β-catenina*, existe ainda uma grande quantidade de mecanismos de sinalização que ainda são pouco conhecidos. A exploração destas vias poderá conduzir a avanços na compreensão da função celular, da progressão da doença e de novos alvos terapêuticos.

1. Sinalização Wnt não canónica

A *via de sinalização Wnt* desempenha um papel fundamental na regulação do desenvolvimento embrionário, na proliferação celular e na renovação das células estaminais. No entanto, grande parte da investigação centrou-se na via Wnt canónica, que envolve a β-catenina. A via Wnt não canónica, que é independente da β-catenina, está envolvida em processos como a polaridade celular, a migração e a morfogénese dos tecidos. Estudos demonstraram que esta via desempenha um papel importante no cancro, na fibrose e em doenças neurológicas (Niehrs, 2012; van Amerongen, 2012). A expansão da investigação sobre a sinalização Wnt não canónica poderá revelar novos alvos terapêuticos para estas doenças.

2. Via de sinalização Hippo

A *via de sinalização Hippo* é uma área de interesse emergente devido ao seu papel na regulação do tamanho dos órgãos, da regeneração dos tecidos e da atividade das células estaminais. Para tal, controla a proliferação celular e a apoptose, o que a torna crucial para a homeostase dos tecidos. A desregulação da via Hippo tem sido associada ao cancro, particularmente no cancro do fígado e da mama, onde promove o crescimento descontrolado das células (Yu et al., 2015; Piccolo et al., 2014). Compreender os intrincados mecanismos reguladores desta via e a sua interação com outras redes de sinalização, como as vias Wnt e TGF-β, é uma área chave para investigação futura.

3. Vias de sinalização circadiana

Estudos recentes demonstraram que o *ritmo circadiano*, que controla o relógio biológico nos organismos, está intimamente ligado a várias vias de sinalização, incluindo as que regulam o metabolismo, a função imunitária e a divisão celular (Bass & Lazar, 2016). A perturbação do ritmo circadiano tem sido implicada em várias doenças, incluindo cancro, distúrbios metabólicos e doenças neurodegenerativas (Zhang et al., 2014). Uma exploração mais aprofundada da forma como os sinais circadianos interagem com as vias de sinalização celular pode levar à cronoterapia - tratamentos de adaptação com base na hora do dia para maximizar a eficácia e minimizar os efeitos secundários (Sancar et al., 2015).

4. Sinalização lisossómica

Os lisossomas, tradicionalmente vistos como sistemas de eliminação de resíduos celulares, são agora reconhecidos como centros de vias de sinalização que regulam o crescimento celular, o metabolismo e a resposta ao stress. A via *mTOR* (Mechanistic Target of Rapamycin), por exemplo, é modulada por sinais provenientes do lisossoma (Settembre & Ballabio, 2014). A desregulação da sinalização lisossomal tem sido associada a doenças como o cancro, a neurodegeneração e as doenças de armazenamento lisossomal (Saxton & Sabatini, 2017). A investigação dos mecanismos de sinalização lisossómica pode revelar novas estratégias terapêuticas para o tratamento destas doenças.

5. Comunicação intercelular através de exossomas

Os exossomas, pequenas vesículas extracelulares segregadas pelas células, emergiram como mediadores críticos da comunicação intercelular. Transportam proteínas, lípidos e ARN, facilitando a sinalização entre as células. Estudos recentes demonstraram que os exossomas desempenham papéis importantes na progressão do cancro, na modulação imunitária e na regeneração dos tecidos (Raposo & Stoorvogel, 2013; Kalluri, 2016). Desvendar os papéis complexos da sinalização mediada por exossomas pode oferecer uma visão dos mecanismos da doença e levar ao desenvolvimento de terapias baseadas em exossomas.

Avanços tecnológicos na deteção de sinais

A inovação tecnológica fez avançar significativamente a nossa capacidade de detetar, analisar e manipular as vias de sinalização celular. Com o aparecimento de novas ferramentas, podemos agora estudar a sinalização celular com maior precisão e com uma resolução mais elevada, fornecendo conhecimentos mais profundos sobre processos celulares complexos.

1. Sequenciação de uma única célula

A sequenciação de RNA de célula única (scRNA-seq) transformou a nossa capacidade de analisar a expressão genética e os eventos de sinalização ao nível das células individuais. Esta tecnologia revelou a heterogeneidade das respostas celulares a sinais em diferentes populações de células, particularmente em células cancerígenas e imunitárias (Wang & Navin, 2015). O scRNA-seq permite aos investigadores desconstruir a sinalização celular com um detalhe sem precedentes, possibilitando a identificação de eventos de sinalização raros e novas activações de vias. Esta abordagem é particularmente valiosa para o estudo de microambientes tumorais, onde a heterogeneidade da sinalização conduz à resistência aos medicamentos e à progressão da doença (Tirosh et al., 2016).

2. Ferramentas baseadas em CRISPR para deteção de sinais

O advento da tecnologia *CRISPR-Cas9* revolucionou a manipulação genética, e inovações recentes levaram ao desenvolvimento de sensores baseados em CRISPR para detetar a ativação de vias de sinalização em tempo real (Mali et al., 2013). Esses sensores podem ser projetados para relatar a ativação produzindo um sinal fluorescente, fornecendo uma leitura dinâmica de eventos de sinalização em células vivas. Esta abordagem permite aos investigadores acompanhar a dinâmica temporal da sinalização com uma precisão sem paralelo, lançando luz sobre a cinética da ativação da via e a regulação do feedback (Tang et al., 2018).

3. Microscopia de Super-Resolução

A microscopia de super-resolução, como a *STORM* (microscopia de reconstrução ótica estocástica) e *a PALM* (microscopia de localização fotoactivada), permite a visualização de interações moleculares à nanoescala, ultrapassando o limite de difração da microscopia de luz convencional. Estas ferramentas têm sido particularmente úteis no estudo da organização espacial das moléculas de sinalização nas sinapses, nas membranas celulares e no citoplasma (Betzig et al., 2006). Por exemplo, as técnicas de super-resolução têm sido utilizadas para visualizar o agrupamento de receptores e os complexos de sinalização envolvidos nas respostas imunitárias, fornecendo novas perspectivas sobre a forma como a organização espacial afecta a transdução de sinais (Owen et al., 2010).

4. Rastreio de elevado rendimento e aprendizagem automática

As tecnologias de triagem de alto rendimento (HTS), combinadas com algoritmos de aprendizagem automática (ML), aceleraram a descoberta de novas vias de sinalização e alvos terapêuticos. O ML é cada vez mais utilizado para analisar vastos conjuntos de dados de *proteómica*, *genómica* e *fosfoproteómica*, permitindo a identificação de padrões e correlações que seriam difíceis de discernir através de métodos tradicionais (Libbrecht & Noble, 2015). Ao aplicar o ML aos dados de sinalização, os pesquisadores podem prever interações de vias, respostas a medicamentos e resultados de doenças, facilitando o desenvolvimento de terapias personalizadas (Lundberg et al., 2018).

5. Técnicas de imagiologia de células vivas

As técnicas de imagiologia em células vivas, como a *transferência de energia por ressonância de fluorescência* (FRET) e *a transferência de energia por ressonância de bioluminescência* (BRET), permitiram a monitorização em tempo real das interações proteína-proteína e dos eventos de sinalização em células vivas. Estas técnicas fornecem informações valiosas sobre a dinâmica da transdução de sinais, permitindo aos investigadores observar a forma como as redes de sinalização respondem a estímulos externos em tempo real (Piston & Kremers, 2007). A imagiologia de células vivas é particularmente útil para estudar eventos de sinalização transitórios, como o fluxo de cálcio e a fosforilação, que são críticos para as respostas celulares a hormonas, factores de crescimento e stress (Yuste, 2010).

Sinalização celular em medicina regenerativa e biologia sintética

À medida que a nossa compreensão da sinalização celular se aprofunda, as suas aplicações na medicina regenerativa e na biologia sintética estão a expandir-se. Estes campos estão a tirar partido da sinalização celular para reparar tecidos danificados, conceber novos sistemas biológicos e desenvolver terapêuticas da próxima geração.

1. Medicina regenerativa: Modulação da sinalização para a reparação de tecidos

Na medicina regenerativa, as vias de sinalização celular desempenham um papel fundamental na reparação de tecidos, na cicatrização de feridas e na diferenciação de células estaminais. Factores de crescimento como o *TGF-β* (Transforming Growth Fator-β), *o FGF* (Fibroblast Growth Fator) e *o VEGF* (Vascular Endothelial Growth Fator) são reguladores-chave da proliferação, migração e diferenciação celular durante a reparação de tecidos (Massagué, 2012). Por exemplo, a manipulação das vias de sinalização Wnt e Notch tem demonstrado melhorar a regeneração dos tecidos, promovendo a renovação das células estaminais e dirigindo a diferenciação (Clevers et al., 2014).

2. Biologia Sintética: Engenharia de circuitos de sinalização

A biologia sintética oferece a capacidade de projetar sistemas biológicos, incluindo circuitos de sinalização celular personalizados. Através da reconfiguração de vias de sinalização naturais ou da criação de vias totalmente novas, os investigadores estão a conceber células que realizam tarefas específicas, como a deteção e resposta a marcadores de doenças ou a produção de proteínas terapêuticas em resposta a sinais (Nielsen et al., 2016). Uma das aplicações mais proeminentes da biologia sintética na medicina é o desenvolvimento de *células CAR-T*, que são concebidas para reconhecer e atacar células cancerígenas, visando antigénios específicos (Roybal et al., 2016). Estas células modificadas estão agora a ser utilizadas em ensaios clínicos para vários tipos de cancro, oferecendo uma nova fronteira na imunoterapia do cancro.

3. Órgãos em chips: Imitação da sinalização in vivo

A tecnologia *organ-on-a-chip* está a revolucionar o estudo da sinalização celular, fornecendo uma plataforma para imitar ambientes in vivo. Estes dispositivos microfluídicos recriam as propriedades físicas e químicas dos tecidos, permitindo aos investigadores estudar a forma como as células comunicam e respondem aos sinais num ambiente controlado. Por exemplo, foram utilizados modelos de pulmão num chip para estudar a forma como as forças mecânicas, como a respiração, afectam a sinalização celular durante a lesão e a reparação pulmonar (Huh et al., 2010). Estas plataformas oferecem uma ferramenta promissora para a descoberta de medicamentos, testes toxicológicos e modelação de doenças, proporcionando conhecimentos que são difíceis de obter a partir de culturas celulares tradicionais ou modelos animais (Bhatia & Ingber, 2014).

Conclusão

À medida que avançamos para o futuro, a investigação sobre a sinalização celular continuará a evoluir, descobrindo novas vias, desenvolvendo tecnologias avançadas para a deteção de sinais e aplicando estes conhecimentos a domínios emergentes como a medicina regenerativa e a biologia sintética. Estes avanços têm um potencial imenso para melhorar a nossa compreensão dos mecanismos das doenças, criar novas estratégias terapêuticas e libertar todo o potencial dos sistemas biológicos. Ao explorar vias inexploradas, aproveitar tecnologias de ponta e integrar o conhecimento da sinalização celular em aplicações inovadoras, o futuro da investigação da sinalização celular promete ser transformador.

Referências

1. Bass, J., & Lazar, M. A. (2016). Assinaturas de tempo circadiano de aptidão e doença. *Science*, 354(6315), 994-999.

2. Betzig, E., Patterson, G. H., Sougrat, R., Lindwasser, O. W., Olenych, S., Bonifacino, J. S., ... & Hess, H. F. (2006). Imagiologia de proteínas fluorescentes intracelulares com resolução nanométrica. *Science*, 313(5793), 1642-1645.
3. Bhatia, S. N., & Ingber, D. E. (2014). Órgãos microfluídicos em chips. *Nature Biotechnology*, 32(8), 760-772.
4. Clevers, H., Loh, K. M., & Nusse, R. (2014). Um programa integral para renovação e regeneração de tecidos: Sinalização Wnt e controlo de células estaminais. *Science*, 346(6205), 1248012.
5. Kalluri, R. (2016). A biologia e a função dos exossomas no cancro. *Journal of Clinical Investigation*, 126(4), 1208-1215.
6. Libbrecht, M. W., & Noble, W. S. (2015). Aplicações de aprendizado de máquina em genética e genômica. *Nature Reviews Genetics*, 16(6), 321-332.
7. Lundberg, S. M., Erion, G., Chen, H., DeGrave, A., Prutkin, J. M., Nair, B., ... & Lee, S. I. (2018). Previsões de aprendizado de máquina explicáveis para a prevenção de hipoxemia durante a cirurgia. *Nature Biomedical Engineering*, 2(10), 749-760.
8. Mali, P., Yang, L., Esvelt, K. M., Aach, J., Guell, M., DiCarlo, J. E., ... & Church, G. M. (2013). Engenharia do genoma humano guiada por RNA via Cas9. *Science*, 339(6121), 823-826.
9. Massagué, J. (2012). Sinalização de TGFβ em contexto. *Nature Reviews Molecular Cell Biology*, 13(10), 616-630.
10. Nielsen, A. A., Der, B. S., Shin, J., Vaidyanathan, P., Paralanov, V., Strychalski, E. A., ... & Voigt, C. A. (2016). Automação do projeto de circuitos genéticos. *Science*, 352(6281), aac7341.
11. Owen, D. M., Oddos, S., Kumar, S., Davis, D. M., Neil, M. A., & French, P. M. (2010). Imagens de alta resolução das interações membrana-citoesqueleto. *Journal of Biophotonics*, 3(7), 446-454.
12. Piccolo, S., Dupont, S., & Cordenonsi, M. (2014). A biologia de YAP / TAZ: sinalização hipopótamo e além. *Physiological Reviews*, 94(4), 1287-1312.
13. Raposo, G., & Stoorvogel, W. (2013). Vesículas extracelulares: exossomas, microvesículas e amigos. *Journal of Cell Biology*, 200(4), 373-383.
14. Roybal, K. T., Rupp, L. J., Morsut, L., Walker, W. J., McNally, K. A., Park, J. S., ... & Lim, W. A. (2016). Reconhecimento de tumor de precisão por células T com circuitos combinatórios de deteção de antígenos. *Célula*, 164(4), 770-779.
15. Saxton, R. A., & Sabatini, D. M. (2017). sinalização mTOR no crescimento, metabolismo e doença. *Cell*, 168(6), 960-976.
16. Sancar, A., Lindsey-Boltz, L. A., Gaddameedhi, S., Selby, C. P., Ye, R., Chiou, Y. Y., ... & Boyd, S. M. (2015). Relógio circadiano, câncer e quimioterapia. *Biochemistry*, 54(2), 110-123.
17. Settembre, C., & Ballabio, A. (2014). Lisossomo: regulador das vias de degradação de lipídios. *Cold Spring Harbor Perspectives in Biology*, 6(7), a016014.

18. Tang, Y., Yuan, J., Zhu, Z., Liu, X., Su, T., Wang, H., & Liu, B. (2018). Edição do genoma mediada por CRISPR / Cas9 em cânceres humanos: estratégias e oportunidades. *Cell Death & Disease*, 9(2), 1-11.
19. Tirosh, I., Izar, B., Prakadan, S. M., Wadsworth II, M. H., Treacy, D., Trombetta, J. J., ... & Patel, A. P. (2016). Dissecando o ecossistema multicelular do melanoma metastático por RNA-seq de célula única. *Science*, 352(6282), 189-196.
20. van Amerongen, R. (2012). Vias e receptores alternativos de Wnt. *Cold Spring Harbor Perspectives in Biology*, 4(10), a007914.
21. Wang, Y., & Navin, N. E. (2015). Avanços e aplicações de tecnologias de sequenciamento de células únicas. *Molecular Cell*, 58(4), 598-609.
22. Yuste, R. (2010). A microscopia de fluorescência hoje. *Nature Methods*, 7(6), 413-415.
23. Yu, F. X., Zhao, B., & Guan, K. L. (2015). Via Hippo no controle do tamanho do órgão, homeostase do tecido e câncer. *Cell, 163*(4), 811-828.

MIX
Papier aus verantwortungsvollen Quellen
Paper from responsible sources
FSC® C105338

Printed by Books on Demand GmbH, Norderstedt / Germany